SANDRA RITA

VBA 2007
na prática

SÃO PAULO
2009

© 2009 by Digerati Books
Todos os direitos reservados e protegidos pela Lei 9.610 de 19/02/1998. Nenhuma parte deste livro, sem autorização prévia por escrito da editora, poderá ser reproduzida ou transmitida sejam quais forem os meios empregados: eletrônicos, mecânicos, fotográficos, gravação ou quaisquer outros.

Diretor Editorial
Luis Matos

Assistência Editorial
Gabriela Ribeiro

Revisão Técnica
Tadeu Carmona

Preparação
Carolina Evangelista
Gisela Carniceli

Revisão
Guilherme Laurito Summa

Projeto Gráfico
Daniele Fátima

Diagramação
Claudio Alves
Stephanie Lin

Capa
Daniel Brito

Dados Internacionais de Catalogação na Publicação (CIP)
(Câmara Brasileira do Livro, SP, Brasil)

P659v   Pinto, Sandra Rita Bento.

          VBA 2007 na prática/Sandra Rita Bento Pinto. – São Paulo: Digerati Books, 2009.
          128 p.

          ISBN 978-85-7873-093-2

          1. VBA (Visual Basic for Applications). 2. Programação. I. Título.
          1.
                                                          CDD 005.3

Universo dos Livros Editora Ltda.
Rua Haddock Lobo, 347 – 12º andar – Cerqueira César
CEP 01414-001 • São Paulo/SP
Telefone: (11) 3217-2600 • Fax: (11) 3217-2616
www.universodoslivros.com.br
e-mail: editor@universodoslivros.com.br

Sumário

Capítulo 1 – Conceitos básicos 5
O que é VBA? 6
Diferenças entre VBA e Visual Basic 6
Uso de macros ou do VBA? 8
O gravador de macros no Office 2007 9

Capítulo 2 – O editor do VBA 11
Falando em segurança 12
Criar macros 13
O editor VBA 13
Atalhos de teclado 16
Um pouco sobre indicadores 21
A janela Project Explorer 22
A janela Propriedades 23

Capítulo 3 – Procedimentos e módulos 25
Procedimentos 27
Módulos 27
Instruções 28
Objetos 29
Métodos 29
Propriedades 30
Eventos 30

Capítulo 4 – Códigos e o Pesquisador de objetos 33
Digitando e editando códigos 34
O Pesquisador de objetos 39

Capítulo 5 – Variáveis de memória ... 49
Conceito ... 50
Regras para nomear ... 50
Como declarar variáveis ... 51
Tipos de variáveis de memória ... 53
Escopo das variáveis de memória ... 54
As variáveis de objeto ... 59
Constantes ... 62
Utilizando matrizes ... 62
A janela Variáveis Locais ... 64

Capítulo 6 – Operadores e funções ... 67
Operadores ... 68
Prioridade de cálculo em expressões ... 73
Funções ... 74
Criar funções no VBA ... 84

Capítulo 7 – Respondendo às ações do usuário ... 87
A função `MsgBox` ... 88
A função `InputBox` ... 92

Capítulo 8 – Estruturas de controle ... 97
As estruturas de decisão ... 98
As estruturas de repetição (*looping*) ... 104
Saindo de uma instrução de repetição ... 115

Capítulo 9 – Depuração do código ... 117
Tipos de erros ... 118
Erros de lógica de programação ... 120
As ferramentas de depuração ... 120
Pontos de interrupção ... 122
Uso do recurso de assertividade ... 123
Inspeção de variáveis ... 124

Capítulo 1

Conceitos básicos

O que é VBA?

O Visual Basic for Applications, mais conhecido como VBA, é uma linguagem de programação desenvolvida pela Microsoft com a finalidade de auxiliar no desenvolvimento de soluções utilizando o conceito do Microsoft Visual Basic.

As aplicações desenvolvidas em VBA permitem automatizar tarefas (macros) e ampliar a utilização do aplicativo que hospedam a linguagem. Por falar nisso, não são somente os aplicativos do pacote Office da Microsoft que permitem a utilização da linguagem, temos o MS Outlook, o MS Project, o Corel Draw e também o AutoCad.

Com a linguagem VBA é possível o desenvolvimento de barras de ferramentas e menus personalizados e o melhor, os formulários que utilizam caixas de diálogos e uma perfeita interface com o usuário.

Outro exemplo de aplicação em VBA é o FrontPage, que permite utilizar a linguagem em tempo de design (modelagem). Já os aplicativos do pacote Office, CorelDraw e outros, utilizam aplicações em tempo de execução. A maioria dos aplicativos permite gerar novos "add-ins" para uso juntamente com o aplicativo-fonte. Por exemplo, o MS Excel poderá utilizar a linguagem VBA para gerar formulários ao utilizar planilhas.

A utilização do VBA nos aplicativos do pacote Office surgiu com o Microsoft Excel 5.0 (1993), no qual a linguagem estava residente com o aplicativo, inovando todos os recursos da planilha, pois permitia um intercâmbio das informações mediante o uso da biblioteca de objetos (um conjunto especial de comandos).

A partir de 1998, vários outros fabricantes de softwares passaram a integrar o VBA como ferramenta de desenvolvimento de seus aplicativos, mas, alguns deles, como o AutoCad a partir de sua nova versão (2010), passaram a excluí-lo de sua aplicação.

Diferenças entre VBA e Visual Basic

A principal diferença entre ambas é que o Visual Basic gera arquivos executáveis, ou seja, arquivos que permitem sua funcionalidade ao se fazer duplo-clique sobre o ícone do programa; já o VBA, apesar de funcional, não gera tais arquivos.

Outra diferença encontrada são os tipos de dados, como, por exemplo, uma variável do tipo inteiro (*Integer*) no VBA equivale a uma variável do tipo *Short* no Visual Basic e o principal: o Visual Basic não permite a utilização de tipo de dados *Variant*.

Outro problema encontrado se refere às propriedades utilizadas no VBA que não são suportadas no Visual Basic e muito menos no VSTO (Visual Studio Tools for Office), como, por exemplo, a propriedade *Text*. Algo que veremos de forma mais detalhada nos próximos capítulos.

Essas diferenças aumentam ainda mais com o lançamento de novas versões do Visual Basic, pois agora é permitida a integração de arquivos XML, coisa que o VBA nem sonha em permitir.

Antes de avançar no estudo da linguagem VBA, vejamos alguns dos conceitos bastante utilizados no universo da informática que acabam confundindo um pouco, tais como Visual Basic, VBScript e outros.

Visual Basic

É uma linguagem de programação desenvolvida pela Microsoft e utilizada no desenvolvimento de aplicações (arquivos executáveis). Funciona como um aperfeiçoamento da antiga linguagem Basic, pois possui interface gráfica (GUI – *Graphical User Interface*) e um ambiente conhecido como IDE (*Integrated Development Environment*) ou ambiente de desenvolvimento integrado.

Há pouco tempo, passou a permitir o acesso a informações de um banco de dados, adotando as tecnologias DAO (*Data Access Object*), lançada em 1992, RDO (*Remote Data Object*), que permitia o acesso aos dados via ODBC ou qualquer outra fonte do tipo Cliente/Servidor, e ADO (*Access Data Object*), que permite criar aplicações para a manipulação de dados de um servidor de banco de dados por meio de um provedor OLE DB, podendo ser utilizada por várias ferramentas, como o Visual Basic, o ASP, o Microsoft Excel e o Microsoft Access.

Visual Basic .NET

É a mais recente versão do Visual Basic, não compatível com as versões anteriores e que utiliza a programação orientada a objetos. É bastante similar ao Java.

O que é VBScript?

O Microsoft Visual Basic Scripting Edition funciona como um sistema do Visual Basic, sendo utilizado na programação de aplicações em ASP (*Active Server Pages*), e na substituição aos arquivos batch (de lote) do MS-DOS, como o *Config.sys* e o *Autoexec.bat*.

Os arquivos gerados em VBScript possuem interpretadores que processam códigos em HTML e têm a extensão .VBS. É uma linguagem bastante simples e funciona como uma solução competitiva ao JavaScript, levando-se em conta que a maioria dos programadores conhece a linguagem Visual Basic, por isso acham mais fácil aprendê-la do que o JavaScript.

O que é ActiveX?

Outra tecnologia desenvolvida pela Microsoft, é bastante utilizada para o desenvolvimento de páginas dinâmicas na Web. Funciona sob a forma de pequenos programas desenvolvidos com a finalidade de realizarem ações práticas em qualquer página ou aplicativos. Por exemplo, temos controles ActiveX para utilização de calendários, conexão com banco de dados e outras pequenas aplicações.

CGI

O *Commom Gateway Interface* não é uma linguagem, mas uma interface que possibilita a execução de programas em um servidor. São escritos geralmente em linguagem C, Shell Perl ou VBScript, em que são interpretados pelo servidor que executará cada uma das instruções. Bons exemplos de aplicações CGI são a consulta a banco de dados, a consulta a pesquisas (enquetes) e a consulta a livros de visitas existentes em várias páginas dinâmicas.

Uso de macros ou do VBA?

Muitos dos aplicativos permitem a criação de macros, ou um gravador de tarefas que estão sendo realizadas no sistema passo a passo. É como ligar um gravador e sair realizando qualquer comando ou instrução.

Sem perceber, você está utilizando a linguagem VBA, que capta todas as instruções e as converte em uma linguagem de código que o aplicativo reconhece e consegue realizar.

Por isso, sempre que uma macro é gerada, cada passo ou instrução é interpretada como uma linha de comando no VBA e, assim, poderá ser compilada, momento a partir do qual um tradutor entrará em funcionamento para converter todas elas para a linguagem de máquina e executar as tarefas solicitadas.

Assim, uma macro ou um código em VBA auxiliam a acelerar todas as tarefas a repetitivas do dia a dia que possam ser automatizadas. Por exemplo, para deixar uma palavra em negrito, em qualquer aplicativo, primeiramente você seleciona a palavra e em seguida utiliza o comando formatar fonte e habilitar a opção desejada. Para acelerar essa tarefa, basta posicionar o cursor sobre a palavra e utilizar o botão **N**, que a transformará em negrito, portanto, podemos concluir que um botão nada mais é do que um atalho ou uma pequena macro embutida em seu aplicativo.

Agora, você pode criar macros com todas as ações repetitivas, e vai chegar uma hora em que vai desejar juntar algumas dessas ações em uma só, ou em um único botão. Para isso, precisará com certeza do VBA. Outra forma de utilização do VBA é quando você encontra a necessidade de tomar decisões baseado em conteúdos existentes em seu documento, planilha ou banco de dados. Por exemplo, caso o campo de CEP tenha sido deixado em branco, uma nova ação deva ser executada. Em uma macro, dificilmente você conseguiria sair dessa situação de maneira favorável; no VBA, com certeza e de forma bastante simples.

O gravador de macros no Office 2007

Com a implantação da versão 2007 do pacote Office, uma nova interface com uso de faixa de opções surgiu e os comandos dispostos em barras de menus desaparecerão. Portanto, não é possível utilizar o gravador de macros ao iniciar qualquer aplicativo. Para isso, é fundamental que a guia **Desenvolvedor** seja instalada, ou seja, você deverá utilizar o botão **Office** e logo em seguida o **Opções** do aplicativo, como, por exemplo, **Opções do Word**, **Opções do Excel** e outros e em seguida habilitar a opção **Mostrar guia Desenvolvedor na Faixa de Opções** existente na lista de categorias **Mais Usados**.

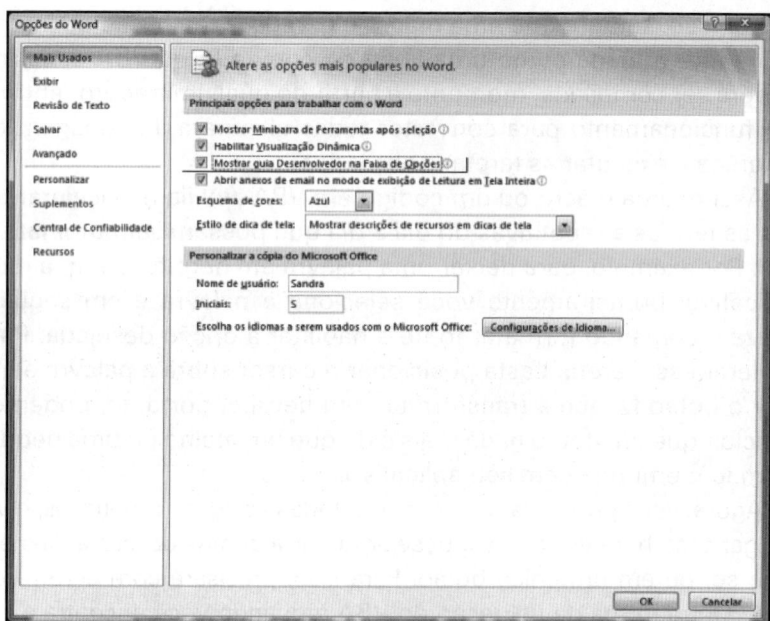

Figura 1.1.

Capítulo 2

O editor do VBA

Falando em segurança

Uma preocupação crescente ao utilizar as macros em qualquer aplicativo é com relação à segurança, pois elas podem causar o que chamamos de "brecha" na segurança do aplicativo e facilitar o acesso a informações importantes no computador.

Uma macro nada mais é do que uma série de instruções agrupadas em um único botão ou atalho, também conhecidos como códigos executáveis. Como nem sempre podemos confiar em todos os dados recebidos de outros usuários, é importante proteger os documentos utilizados e evitar habilitar macros de fontes desconhecidas.

A maioria dos aplicativos consegue detectar a presença de macros de forma automática. Ao abrir um arquivo com macros, uma caixa de diálogo aparece para que você decida se deseja bloquear ou não tais informações. Ao optar pelo bloqueio, o documento será aberto, mas com certeza perderá todas as funcionalidades.

Caso o arquivo seja originado de um aplicativo do pacote Office, você verá poderá ativar as opções da central de confiabilidade ao utilizar o botão **Office > Opções do aplicativo > Central de Confiabilidade** e decidir antecipadamente sobre as **Configurações de Macros**:

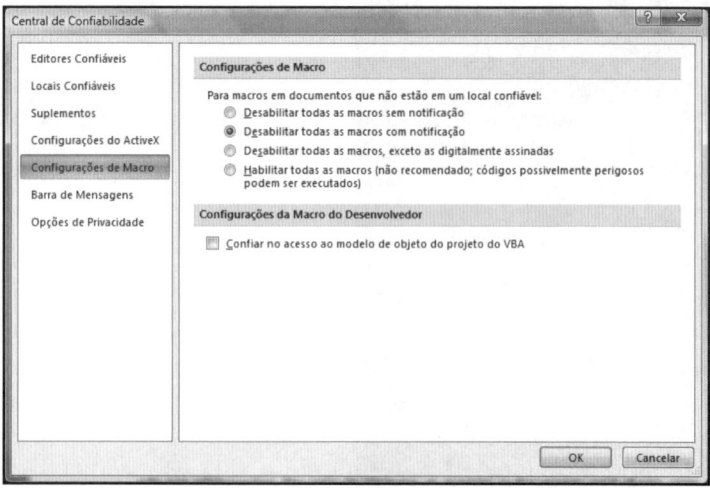

Figura 2.1.

Criar macros

Na maioria dos aplicativos do pacote Office, uma maneira de desenvolver soluções em VBA é utilizar o gravador de macros. Para isso, vimos que é fundamental a instalação da guia **Desenvolvedor**. Por isso, sempre que você editar uma macro, o editor do VBA será carregado para que veja todas as instruções que foram geradas passo a passo.

Para editar uma macro no pacote Office, use a opção **Macros** da guia **Desenvolvedor** (às vezes também na guia **Exibição**), em seguida dê um clique sobre a macro desejada e um clique o botão **Editar** para ler e alterar qualquer informação existente em sua macro.

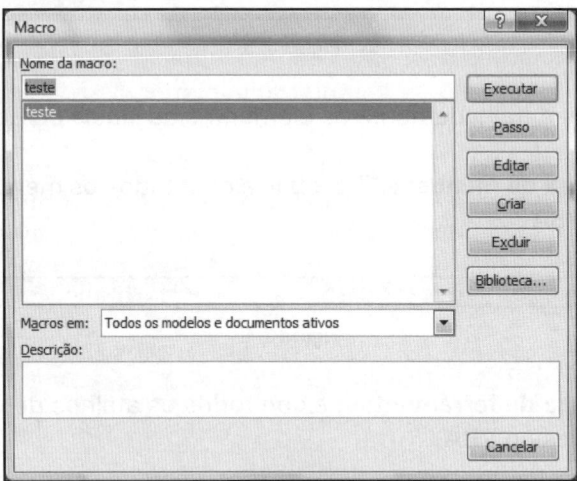

Figura 2.2.

O editor VBA

Todos os aplicativos que trabalham em ambiente Windows e possuem a linguagem VBA residente podem acessar o editor VBA da mesma forma, por meio do atalho das teclas Alt + F11.

A janela do editor, também conhecida como janela *Code*, possui as mesmas características em todos os aplicativos. A única diferença fica por conta do ícone do aplicativo que está sendo utilizado, que aparece no canto superior esquerdo da barra de ferramentas:

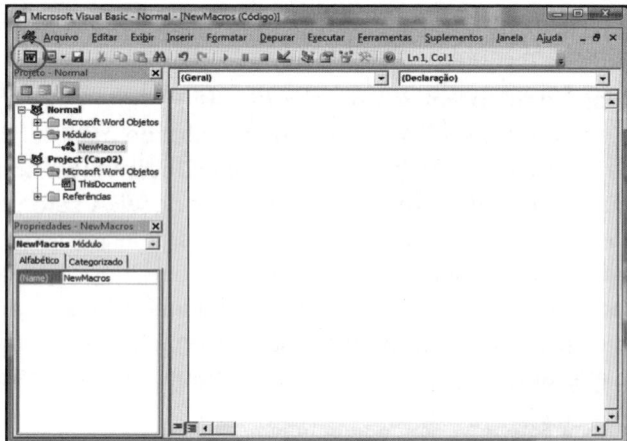

Figura 2.3.

Vejamos detalhadamente os elementos da janela do Editor:

• **A barra de menus**: exibe a barra com todos os menus existentes no VBA.

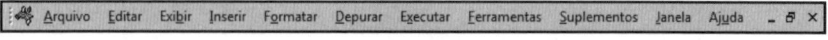

Figura 2.4.

• **A barra de ferramentas**: exibe todos os atalhos de comandos existentes no VBA.

Figura 2.5.

• **A janela Project Explorer**: essa janela exibe todos os códigos, pastas e objetos existentes no projeto atual.

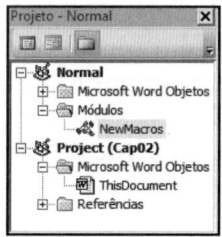

Figura 2.6.

- **A janela Propriedades**: essa janela exibe todas as propriedades do objeto atualmente selecionado. Caso nenhum objeto tenha sido selecionado anteriormente, irá exibir as propriedades da macro ou projeto atual e se divide em duas categorias, todas as propriedades em ordem alfabética (guia **Alfabético**) ou em ordem de categorias (guia **Categorizado**):

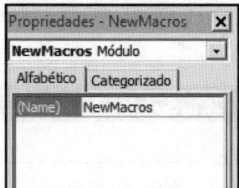

Figura 2.7.

- **A caixa de objetos e de procedimentos**: apresenta o nome do objeto que está sendo manipulado, bem como todos os eventos (ações) existentes no aplicativo, controle ou formulário atual.

Figura 2.8.

- **O procedimento**: apresenta todo o procedimento (macro) realizado, geralmente indicando seu início por meio da instrução Sub e término do mesmo, instrução End Sub. Entre essas duas instruções, teremos todas as ações que devem ser realizadas pela macro ou procedimento:

```
Sub Teste()
'
' Teste Macro
' criar tabelas personalizadas -
'
    ActiveDocument.Tables.Add Range:=Selection.Range, NumRows:=2, NumColumns:= _
    3, DefaultTableBehavior:=wdWord9TableBehavior, AutoFitBehavior:= _
    wdAutoFitFixed
    With Selection.Tables(1)
        If .Style <> "Tabela com grade" Then
            .Style = "Tabela com grade"
        End If
        .ApplyStyleHeadingRows = True
        .ApplyStyleLastRow = False
        .ApplyStyleFirstColumn = True
        .ApplyStyleLastColumn = False
        .ApplyStyleRowBands = True
        .ApplyStyleColumnBands = False
    End With
    Selection.Tables(1).Style = "Sombreamento Claro - Ênfase 5"
    Selection.Tables(1).ApplyStyleLastRow = Not Selection.Tables(1). _
    ApplyStyleLastRow
    Selection.Tables(1).ApplyStyleLastRow = Not Selection.Tables(1). _
    ApplyStyleLastRow
End Sub
```

Figura 2.9.

- **A barra indicadora**: essa área cinza existente ao lado esquerdo da janela exibirá indicadores de margem, que futuramente permitem pausar a execução das instruções, bem como realizar inspeção passo a passo de cada uma das tarefas a fim de verificação em tempo de execução do procedimento:

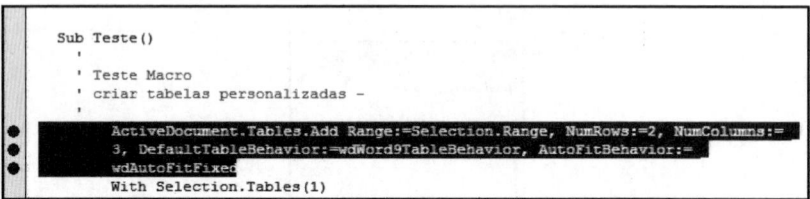

Figura 2.10.

- **O modo de exibição**: permite alternar entre a exibição do procedimento atual ou do módulo completo, ou seja, todos os procedimentos existentes no projeto atual.

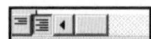

Figura 2.11.

Atalhos de teclado

Em todos os aplicativos onde o editor está sendo utilizado, teremos os mesmos comandos e atalhos de teclado que permitem agilizar as tarefas a serem executadas. São eles:

Tecla	SHIFT	CTRL	ALT	CTRL + SHIFT
F1	Ajuda.	Mover o ponto de inserção na caixa Objeto.		
F2	Exibe a janela **Pesquisador de objetos**.	Ir para a definição do procedimento selecionado.		Voltar à última posição no seu código.
F3	Copiar a seleção para a área de transferência do Windows.	Localizar anterior: repetir a pesquisa de texto até o início do código. Se nenhuma pesquisa de texto foi feita, a caixa de diálogo **Localizar** é exibida.		
F4	Janela **Propriedades**.	Localizar próxima: repetir a pesquisa de texto até o final do código. Se nenhuma pesquisa de texto foi feita, a caixa de diálogo **Localizar** é exibida.	Fecha a janela ativa.	

O editor do VBA

Tecla	SHIFT	CTRL	ALT	CTRL + SHIFT
F5	Executa um procedimento, formulário ou macro.		Executa o código identificador de erro ou retorna ao procedimento que fez a chamada.	
F6	Alternar entre os painéis da janela **Code** (quando a janela estiver dividida).		Alterna entre as duas últimas janelas ativas.	
F7	Exibe a janela do código.			
F8	Executa o código atual passo a passo, ou seja, uma instrução por vez (depuração total).	Executa as instruções uma linha por vez sem entrar nas chamadas de procedimento (depuração parcial).	Depura o identificador de erro ou retorna o erro para o procedimento de chamada.	
F9	Permite definir ou remover um ponto de interrupção.	Ativa a janela **Inspeção de variáveis rápida**.		Permite limpar todos os pontos de interrupção.
F10	Ativa a barra de menus.	Exibe o menu de atalho.		
F11			Alterna entre a janela do código e do aplicativo.	

Tabela 2.1.

Tecla		Ctrl	Shift	Ctrl + Shift
Break			Interrompe a execução do procedimento (macro).	
Barra de espaço			Ativa completar palavras.	
TAB	Inserir recuo.	Remover recuo.	Permite alternar entre as janelas.	
B		Salvar o projeto atual.		
E		Exportar arquivo.		
F		Exibe a pilha de chamadas de procedimentos.		
G			Exibe a janela **Verificação Imediata**.	
I			Ativa a informação rápida.	Ativa a janela **Informações de parâmetro**.
J		Ativa a **lista de propriedades e métodos**.		Ativa **Listar constantes**.
L		Localizar palavra.		
M		Importar arquivo.		

O editor do VBA

Tecla		Ctrl	Shift	Ctrl + Shift
P		Imprimir.		
R		Ativa a janela **Project explorer**.		
U		Substituir palavra.		
Z			Desfaz a última edição.	
Seta para baixo		Exibir o próximo procedimento.		
Seta para cima		Exibir o procedimento anterior.		
Seta para a direita		Ir uma palavra à direita.		
Seta para a esquerda		Ir uma palavra à esquerda.		
Home	Início da linha	Início do módulo.		
End	Ir para o fim da linha.	Ir para o fim do módulo.		
Page Down	Rolar tela para baixo.	Ir para a parte inferior do procedimento atual.		
Page Up	Rolar tela para cima.	Ir para a parte superior do procedimento atual.		

Tabela 2.2.

Um pouco sobre indicadores

A barra lateral esquerda é conhecida como barra de indicadores de margem que indicam algumas ações no momento da depuração do código, consideradas como sinalizadores de dicas. Várias ações podem ser realizadas no conjunto de instruções existentes no seu projeto e alguns sinais podem ser visualizados nessa barra, tais como:

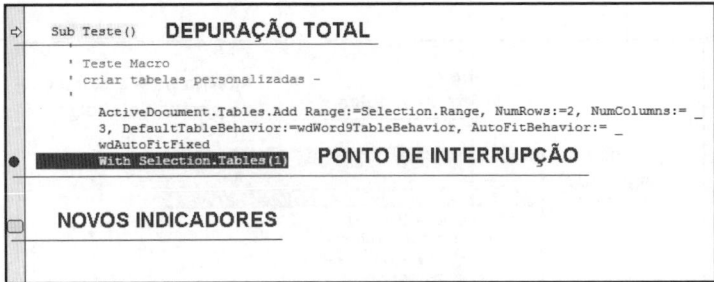

Figura 2.12.

Tais símbolos serão visualizados com maior complexidade quando você aprender sobre a depuração do código, mas vejamos como obter tais símbolos e sua finalidade (**Tabela 2.3**):

Nome	Comando ou atalho utilizado	Descrição
Depuração total	**Depurar > Depuração Total** ou a tecla de atalho F8.	Indica que o código está em uma pilha de chamadas, realizando o código em passo a passo (linha a linha).
Ponto de interrupção	**Depurar > Ativar/Desativar pontos de interrupção** ou a tecla de atalho F9.	Indica que um ponto de interrupção no código foi habilitado fazendo com que o código seja interrompido no ponto demarcado com a linha em vermelho.
Novos indicadores	**Editar > Indicadores > Alternar Indicador.**	Criar nova marca (indicadores) no código.

Tabela 2.3.

O editor do VBA

A janela Project Explorer

Ao abrir o editor do VBA seja editando uma macro ou digitando um código linha a linha, observamos no canto esquerdo da tela a janela **Project Explorer**. Caso ela tenha sido fechada, use o atalho das teclas Ctrl + R ou o menu **Exibir > Project Explorer**.

Nessa janela é possível alterar o modo de exibição do projeto atual por meio dos ícones:

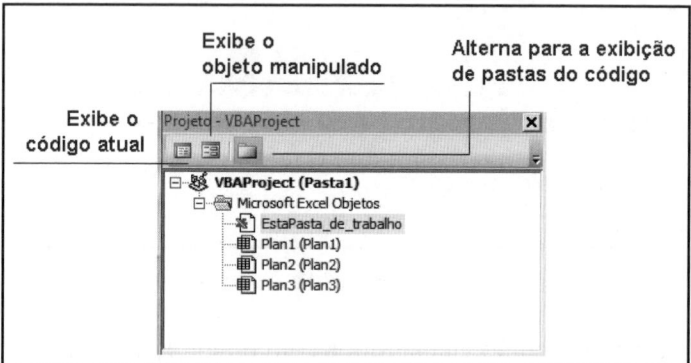

Figura 2.13.

Abaixo dos ícones de exibição, podemos encontrar os objetos existentes no projeto atual, tais como o ícone do aplicativo que está sendo utilizado, módulos (arquivo do tipo .bas), módulos de classe (arquivo do tipo .cls) e formulários (arquivo do tipo .frm):

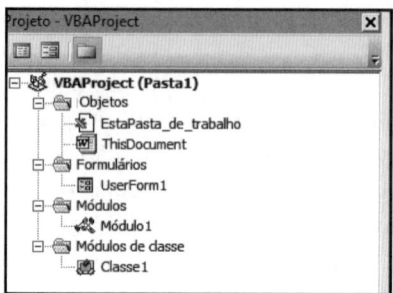

Figura 2.14.

A janela Propriedades

Ao ativar essa janela por meio do menu **Exibir > Janela Propriedades** ou utilizando o atalho da tecla F4, serão apresentadas logo abaixo da janela do Project Explorer todas as propriedades do objeto atualmente selecionado. Podendo ser apresentadas em ordem alfabética (guia **Alfabético**) ou em grupo de categorias (guia **Categorias**):

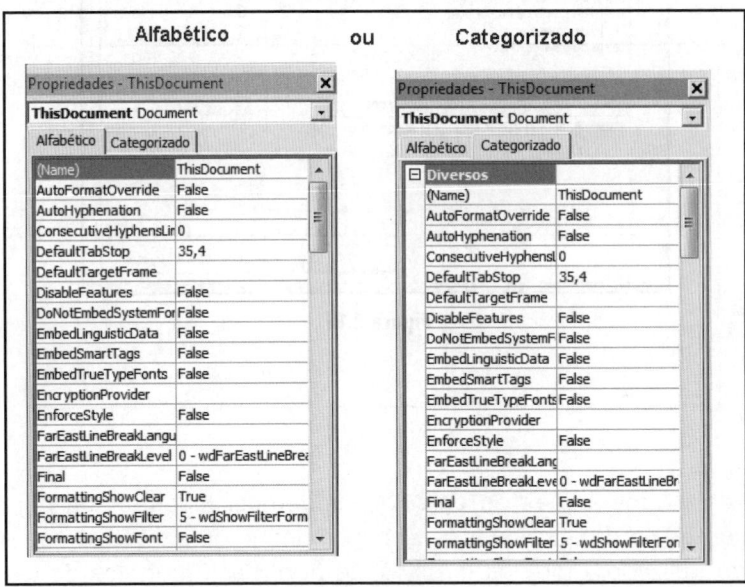

Figura 2.15.

Alterar a fonte da janela Code

Por padrão, o editor de códigos exibirá algumas linhas em cores diferentes, ou seja, as linhas em verde serão tratadas como linhas de comentários e as em preto, serão as linhas que contêm instruções a serem executadas pelo código. Com relação à fonte utilizada, normalmente o aplicativo utilizará a Courier New.

Caso seja necessário, altere a cor do fundo e tipo de fonte por meio do menu **Ferramentas > Opções** e um clique na guia **Formato do editor**. Clique a opção que deseja alterar, como, por exemplo, **Texto**

normal. Escolha a fonte, tamanho e a cor do primeiro plano (fonte), do plano de fundo (fundo da janela) e do indicador (posição do cursor):

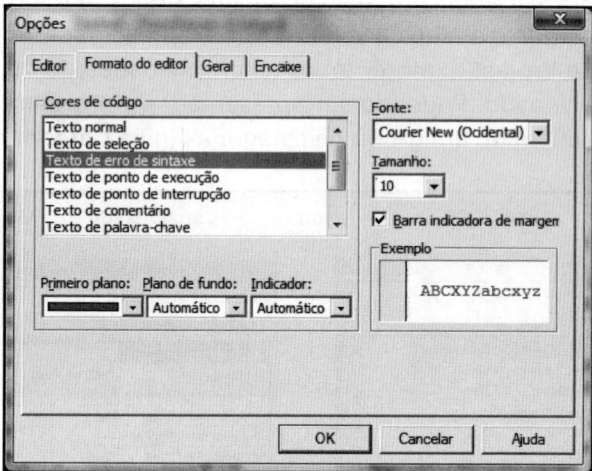

Figura 2.16.

Capítulo 3

Procedimentos e módulos

Antes de verificar alguns conceitos importantes sobre procedimentos e módulos precisamos entender melhor o desenvolvimento das linguagens de programação.

Já sabemos que uma linguagem de programação é um método totalmente padronizado que expressa algumas instruções (tarefas) a serem executadas pelo computador, tais como que tipo de dados deve-se manipular, armazenar e quais as ações que devem ser executadas ao se atingir determinado objetivo.

Antigamente, as linguagens de programação eram desenvolvidas levando-se em conta somente o computador, situação em que o programador era obrigado a expressar suas necessidades em forma de algoritmos cada vez mais próximos da linguagem de máquina, ou notações hexadecimais. Temos como exemplo de tais linguagens o Fortran (apesar de ter sido inicialmente uma linguagem de programação procedural, as versões mais recentes possuem características que permitem suportar programação orientada a objetos), o Cobol, o Basic, a linguagem C, dentre outras.

Em linguagens procedurais encontramos a facilidade de reutilizar o mesmo código em diferentes locais do programa sem a necessidade de copiá-lo, facilitando assim a organização do fluxo do programa. O desenvolvimento de sistemas em linguagens procedurais utiliza método em que várias instruções são descritas passo a passo em blocos de procedimentos ou módulos.

Com o tempo, o processo de programação passou a eliminar a utilização de tais dígitos numéricos e passou a utilizar sequências de instruções mais próximas de sua linguagem. Mas, mesmo assim, para a resolução de um problema simples, um algoritmo mais complexo deveria ser elaborado, o que exigia muita concentração e linhas e linhas de instruções.

Algum tempo depois surgem as linguagens orientadas a objetos, que incluem modelos que permitem enviar e receber mensagens e reagir a elas de forma rápida e eficiente. É preciso salientar que independente da linguagem utilizada, cada uma representa um meio de solucionar um problema. Nesse tipo de linguagem, encontramos uma simulação do mundo real no computador, por meio da criação de classes, métodos, atributos, propriedades e outras instruções necessárias para descrever o programa de forma mais abstrata, tornando-se mais complicado para os iniciantes em programação.

Em tais linguagens, leva-se em conta que um objeto possui um comportamento e atributos que podem ser modificados para facilitar a execução do programa como um todo. Por exemplo, em um sistema de gerenciamento de pedidos, encontramos determinado botão (objeto) com a legenda (atributo) **Imprimir**. Ao utilizar tal botão, verificamos que os dados serão enviados rapidamente à impressora (comportamento do objeto), onde se conclui que devemos considerar a importância de conhecer cada um dos objetos existentes na linguagem, bem como seus atributos e comportamentos.

Procedimentos

Na linguagem Visual Basic for Applications, encontramos estruturas modulares (procedimentos) que manipulam objetos. Um procedimento contém uma série de instruções que executam uma ou mais operações ou retornam um determinado valor (funções). Portanto, podemos definir que um procedimento é um conjunto de instruções (códigos) dispostas de forma lógica, com a simples finalidade de executar determinada tarefa.

Os procedimentos são armazenados em objetos conhecidos como módulos. Embora seja possível guardar todos os procedimentos em um único módulo, é mais conveniente distribuí-los em grupos diferentes, ou módulos separados.

Veja alguns exemplos de procedimentos:

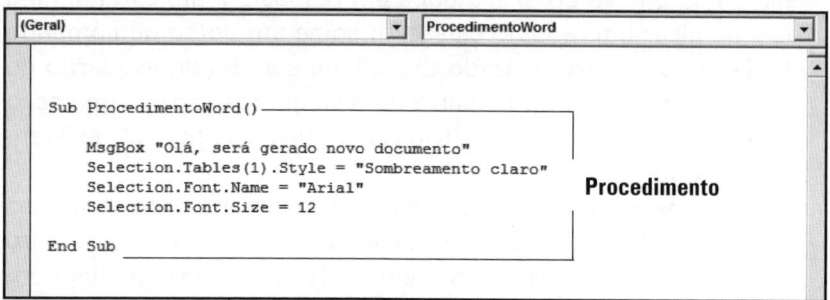

Figura 3.1.

Módulos

Um módulo é uma coleção de declarações e procedimentos desenvolvidos com a finalidade de agrupar instruções com um mesmo objetivo:

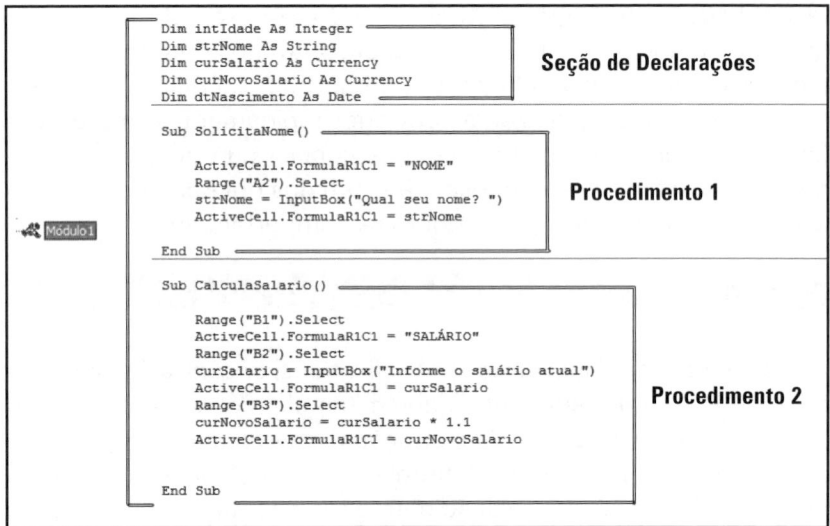

Figura 3.2.

Na linguagem VBA encontramos dois tipos de módulos, os módulos classe e os módulos padrão.

• **Módulos Classe**: são os módulos associados a um determinado objeto como, por exemplo, um formulário do Microsoft Access ou uma planilha do Microsoft Excel. Tais módulos contêm procedimentos que serão executados em resposta a um evento. Para exemplificar um módulo classe, imagine um botão de comando (objeto) que ao ser utilizado (um clique com botão esquerdo do mouse) deverá abrir uma caixa de diálogo (resposta a uma ação do usuário). Os módulos classe são arquivos do tipo .cls existentes no projeto.

• **Módulos Padrão**: os módulos padrão contêm procedimentos de uso geral, aqueles que não estão associados a nenhum outro objeto e serão utilizados com frequência a partir de qualquer ponto do aplicativo. São arquivos com a extensão .bas existentes no projeto.

Instruções

Como vimos anteriormente, um procedimento contém várias linhas de instruções. Uma instrução é um conjunto de palavras-chave com a finalidade de executar determinada tarefa. Veja um exemplo:

```
MsgBox "Olá, será gerado novo documento"
```
Figura 3.3.

A palavra-chave `MsgBox` é uma instrução cuja finalidade é a de apresentar uma caixa de diálogo ao usuário com a mensagem *"Olá, será gerado novo documento"*.

Objetos

Um objeto é um elemento existente no aplicativo – por exemplo, no Microsoft Excel encontramos como objetos as planilhas, células, gráficos, já no Microsoft Access encontraremos como objetos tabelas, formulários e relatórios, isto é, um objeto é um controle que pode ser manipulado. Por exemplo:

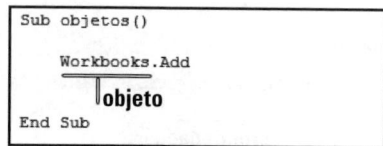

Figura 3.4.

O objeto `Workbooks` é uma coleção de todos os objetos abertos no momento em que o aplicativo Microsoft Excel é carregado. Com a instrução anterior, será criada uma nova pasta de trabalho (*Add*).

Há objetos que possuem vários outros objetos, como uma série, e são conhecidos como coleções. Por exemplo, o objeto `Workbooks` contém vários outros objetos, cada um com seus métodos e propriedades com finalidades peculiares.

É preciso salientar que um objeto é o menor elemento dentro de um sistema que acaba assumindo características diferentes (eventos, métodos e propriedades), que na verdade são as formas como o objeto irá interagir, qual o comportamento esperado pelo mesmo frente a determinadas ações.

Métodos

Um método é uma ação que será executada pelo objeto. No exemplo anterior, o objeto `Workbooks` executará a ação de adicionar

(Add) nova pasta de trabalho. Várias são as ações que um objeto poderá executar, como, por exemplo, ativar (Activate), fechar (Close), Copiar (Copy) e outras. Portanto, podemos definir um método como um comportamento do objeto.

Sempre que um objeto necessite interagir, alguns meios devem descrever como a operação vai ser realizada, ou a característica (método) como ele responderá às ações.

Propriedades

Uma propriedade é um atributo de um objeto, que definirá todas as suas características. Por exemplo, um formulário aberto (objeto) poderá ter a propriedade legenda (rótulo do formulário) alterada de acordo com a seguinte instrução:

```
Private Sub Form_Load()
     objeto
     ┌──┴──┐
         Form.Caption = "QUESTIONÁRIO"
                └────┬────┘
                 propriedade
End Sub
```

Figura 3.5.

Para definir um valor à propriedade, deve-se estipular o nome do objeto, seguido de um ponto da propriedade a ser alterada, em seguida o sinal de igualdade (=) e, por último, o novo valor que a propriedade deverá receber.

Eventos

Um evento é uma ação predefinida que o objeto executará, por exemplo, em um botão ao utilizar o clique com o mouse sobre ele, eventos ocorrerão em resposta a essa ação. Ao carregar um formulário outra ação deverá ser realizada como, por exemplo, alterar o rótulo do mesmo.

Portanto, um evento será realizado para controlar algumas reações e execuções de todo o sistema; eles também desencadeiam ações. Temos como exemplo de eventos em um formulário ou planilha os eventos ao abrir, ao fechar, ao minimizar, e outras ações (**Figura 3.6**):

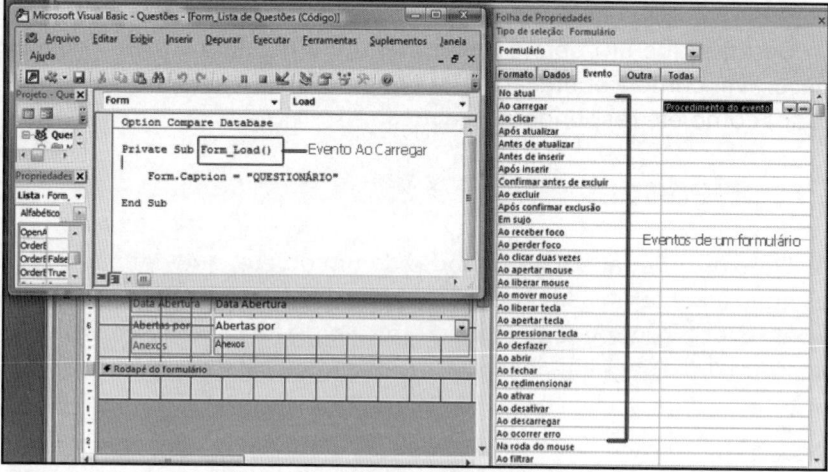

Figura 3.6.

Capítulo 4

Códigos e o Pesquisador de objetos

Digitando e editando códigos

Agora que já temos conhecimento dos métodos de trabalho da linguagem VBA, tais como objetos, métodos, propriedades e eventos, vejamos como criar um procedimento.

No Microsoft Excel e no Microsoft Word

A maneira mais fácil de criar um código sem a necessidade de muita digitação é primeiramente criar uma macro:

1. Ative a guia **Desenvolvedor** com um clique no botão **Office > Opções do Word** ou **Opções do Excel > Mais usados** e habilite a opção **Mostrar guia Desenvolvedor na faixa de opções**, depois clique em **OK**.

2. Clique o botão **Gravar Macro**.

3. Dê um nome para a macro e clique **OK**.

4. Em seguida, realize qualquer operação, como copiar, colar, salvar, para que as ações fiquem armazenadas na macro.

5. Pare a gravação da macro utilizando o botão **Parar Gravação** da guia **Desenvolvedor**.

6. Para editar a macro, clique o botão **Macro** da guia **Desenvolvedor**.

7. Clique o nome da macro que deseja editar.

8. Clique o botão **Editar**.

No Microsoft Access

Em primeiro lugar é necessário criar um controle, como por exemplo um botão de comando:

1. Ative o formulário no modo **Design** com um clique no nome do formulário no **Painel de Navegação** > **Modo de Exibição** > **Modo Design**.

2. Crie um botão de comando: desabilitando o **Assistente de Controle** com um clique no botão **Usar Assistentes de Controle** da guia **Design**.

3. Utilize a opção **Botão** (controle de formulário) do grupo de **Opções Controles** (guia **Design**).

4. Arraste o botão para o local desejado.

5. Na **Folha de Propriedades**, dê um nome para o botão de comando por meio da opção **Nome**.

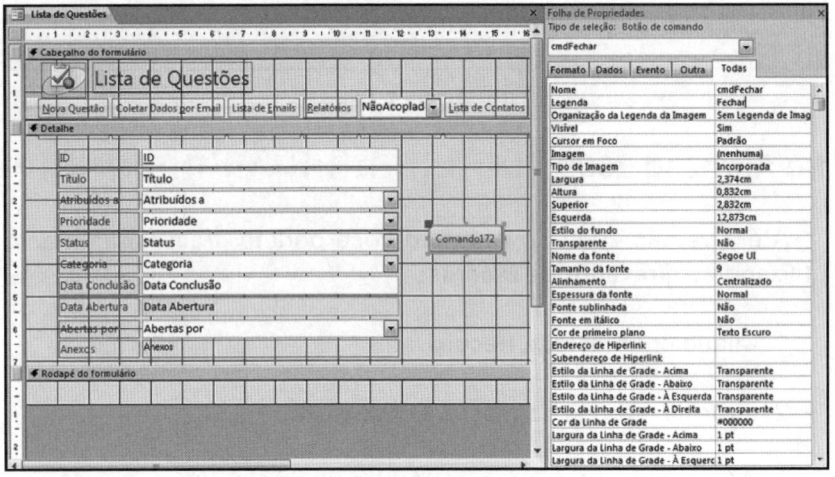

Figura 4.1.

6. Digite uma legenda (rótulo do botão) na opção **Legenda**.

7. Clique a guia **Evento**.

8. Selecione o evento **Ao clicar** (quando o usuário der um clique com o botão esquerdo do mouse sobre o botão).

9. Clique no botão **Construtor (...)**.

10. Clique na opção **Construtor de código** e depois **OK**.

11. Aparecerá a janela do editor do VBA:

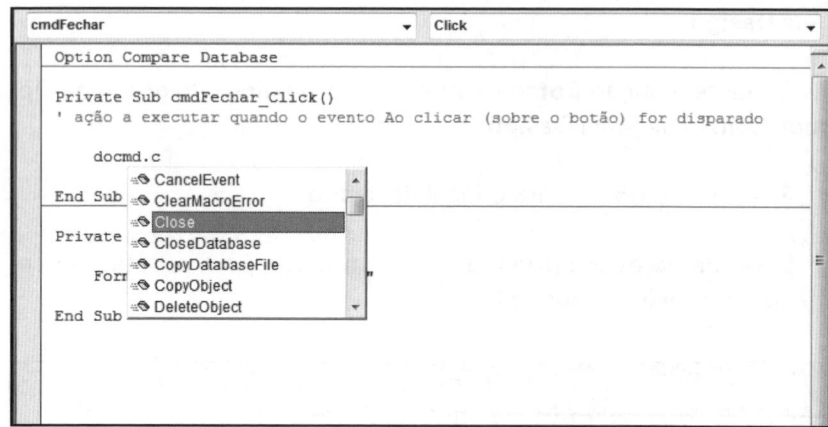

Figura 4.2.

No AutoCad 2009 ||||||||||||||||||||||||||||||||||||||||||||

Até a versão 2009 do AutoCad você poderá gravar uma macro utilizando o **Gravador de Macros**:

1. Clique em **Macro > Record**.

2. Informe o nome da macro e clique **OK**.

3. Aparecerá na tela o painel **Action Recorder**, similar ao Microsoft Excel e Microsoft Word, com as opções **Play** (executar a macro) e **Stop** (parar gravação).

4. Execute todas as ações necessárias e pare a gravação com o botão **Stop** do painel **Action Recorder**.

5. Para editar a macro (arquivo com a extensão .actm) use o menu **Tools > Macro**.

6. Clique na macro desejada e no botão **Edit**.

No Corel Draw

Assim como em outros aplicativos, uma macro deverá ser gravada. Para isso:

1. Use o menu **Ferramentas > Visual Basic > Gravar**.

2. Informe o nome da macro.

3. Execute pelo menos um comando para ser gravado no editor do VBA.

4. Edite a macro utilizando o menu **Ferramentas > Visual Basic > Editor do Visual Basic**.

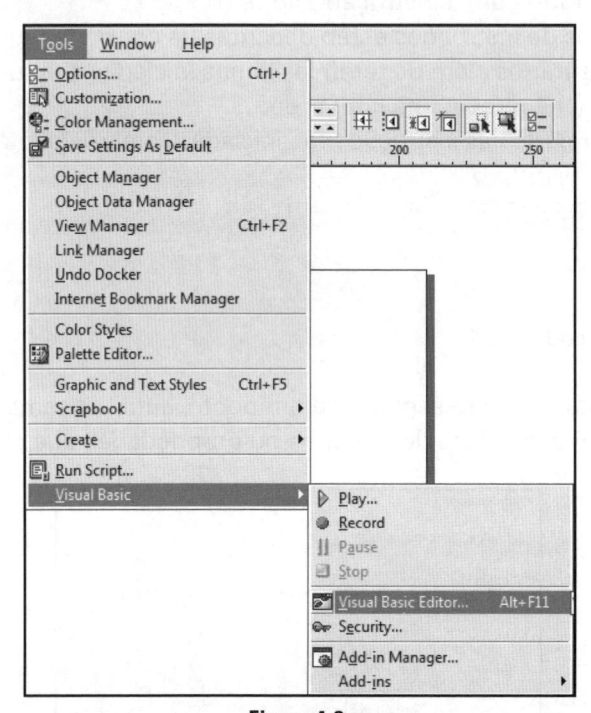

Figura 4.3.

Você poderá acessar o editor do VBA utilizando o atalho das teclas Alt + F11 em qualquer um dos aplicativos.

Na maioria dos aplicativos um código é iniciado com a instrução Sub, seguida do nome e encerrado com a instrução End sub:

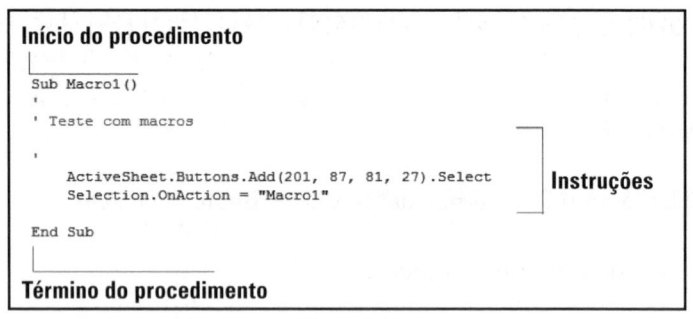

```
Início do procedimento
└──────────────
Sub Macro1()
'
' Teste com macros

    ActiveSheet.Buttons.Add(201, 87, 81, 27).Select     ]  Instruções
    Selection.OnAction = "Macro1"

End Sub
┌──────────────
Término do procedimento
```

Figura 4.4.

No Microsoft Access, como o procedimento está acoplado a um objeto, você encontrará no início do procedimento a instrução `Private Sub`, nome do procedimento e evento associado e também será encerrado com a instrução `End Sub`.

As linhas de instruções estão descritas na cor preta (automático), já os comentários além de terem as linhas iniciadas com um sinal de apóstrofo (') aparecem na cor verde.

A maior parte das instruções são iniciadas com a seguinte sintaxe:

```
Objeto.propriedade = novo valor    ou
```

ou

```
Objeto.método
```

Ao digitar o objeto seguido de um ponto, automaticamente o aplicativo exibirá uma lista de métodos ou propriedades que ele possui:

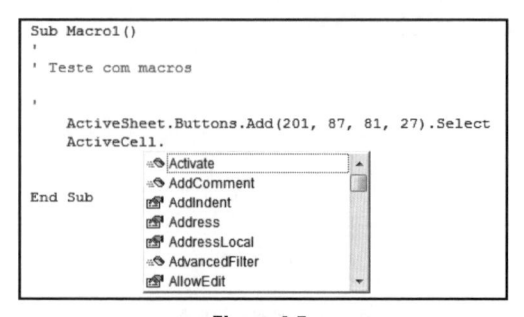

```
Sub Macro1()
'
' Teste com macros

    ActiveSheet.Buttons.Add(201, 87, 81, 27).Select
    ActiveCell.
              ┌─────────────────┐
              │ ◆ Activate      │
              │ ◆ AddComment    │
End Sub       │ ▣ AddIndent     │
              │ ▣ Address       │
              │ ▣ AddressLocal  │
              │ ◆ AdvancedFilter│
              │ ▣ AllowEdit     │
              └─────────────────┘
```

Figura 4.5.

Um método é apresentado após o símbolo ◆ e as propriedades são representadas pelo símbolo ▣.

Para acessar um método ou propriedades, dê duplo clique sobre a opção desejada ou pressione a barra de espaço. Lembre-se que uma propriedade deve ter o sinal de igualdade para que seja atribuído novo valor.

O Pesquisador de objetos

Cada aplicativo possui uma coleção de objetos com uma hierarquia a ser obedecida. Até aqui, percebemos que um código manipula objetos, mas quais são os objetos que posso manipular no aplicativo que estou utilizando? Seria difícil criar uma lista e explicar um a um, ainda mais que nem sabemos qual o aplicativo que você está utilizando nesse momento. Portanto, deve ter algum lugar no VBA em que esses objetos podem ser listados e principalmente em que exista uma pequena ajuda sobre eles.

Seja qual for o aplicativo, você encontrará uma ferramenta que auxiliará a explorar todos os objetos, como em uma biblioteca. É o pesquisador de objetos, disponível por meio do menu **Exibir > Pesquisador de objetos** ou se preferir, o atalho da tecla **F2**.

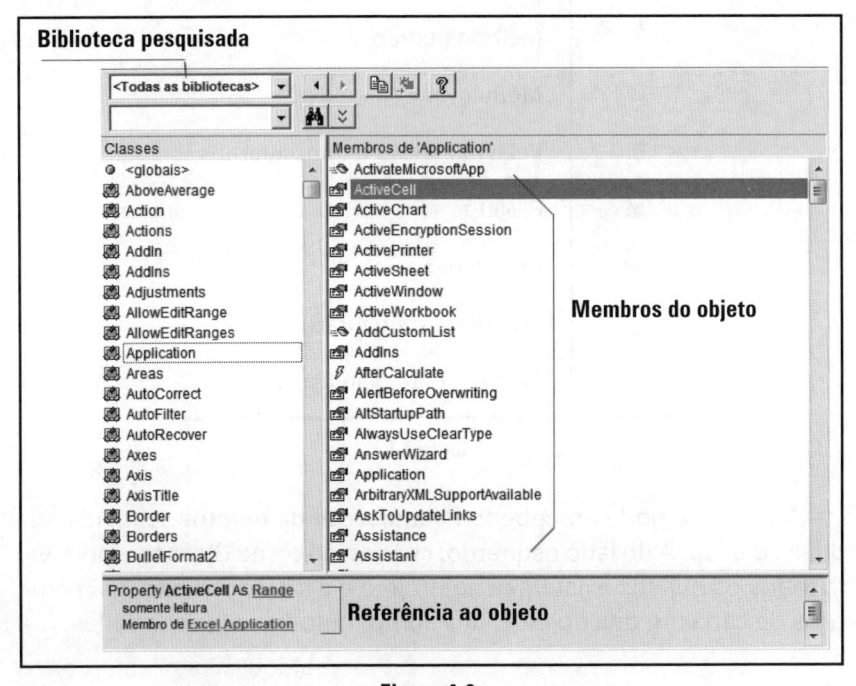

Figura 4.6.

Nessa janela, teremos todas as classes, propriedades, métodos, eventos, contantes e enumerações disponíveis.

Na opção **Todas as bibliotecas** é possível pesquisar os objetos somente do aplicativo, do VBA ou de todas as bibliotecas disponíveis.

Logo abaixo, é possível digitar um objeto que esteja procurando para verificar sua sintaxe e utilização.

Vejamos os ícones existentes na janela do **Pesquisador de objetos**:

Ícone	Nome do objeto
📚	Biblioteca
	Classe
	Constante
	Enumeração
	Evento
	Método
	Método padrão
	Módulo
	Palavras-chave e tipos internos
	Projeto
	Propriedades
	Propriedades padrão
	Tipo definido pelo usuário

Tabela 4.1.

Como você pode perceber o **Pesquisador de objetos** se divide em duas colunas. A do lado esquerdo, conhecida como **Classes**, apresenta todos os objetos existentes no projeto e a do lado direito, os membros de cada um dos objetos, tais como métodos e propriedades.

Logo abaixo do objeto selecionado, na área de sintaxe encontramos uma referência ao objeto, por exemplo, ao selecionar a propriedade `ActiveCell` (célula atualmente selecionada no Microsoft Excel), o pesquisador informará que tal objeto pertence à classe `Range` (*Property Activecell as Range*). Ao clicar a palavra `Range`, automaticamente a lista de classes no lado esquerdo rolará para mostrar a classe `Range` selecionada.

Por padrão, a lista de membros exibe os métodos e propriedades. Para visualizar somente as propriedades do objeto, clique com o botão direito do mouse a coluna de membros e em seguida a opção **Membros do grupo**.

Para obter ajuda sobre um método ou propriedade selecionada, pressione a tecla **F1** e terá uma caixa de diálogo com referências, sintaxe e um exemplo de utilização do objeto:

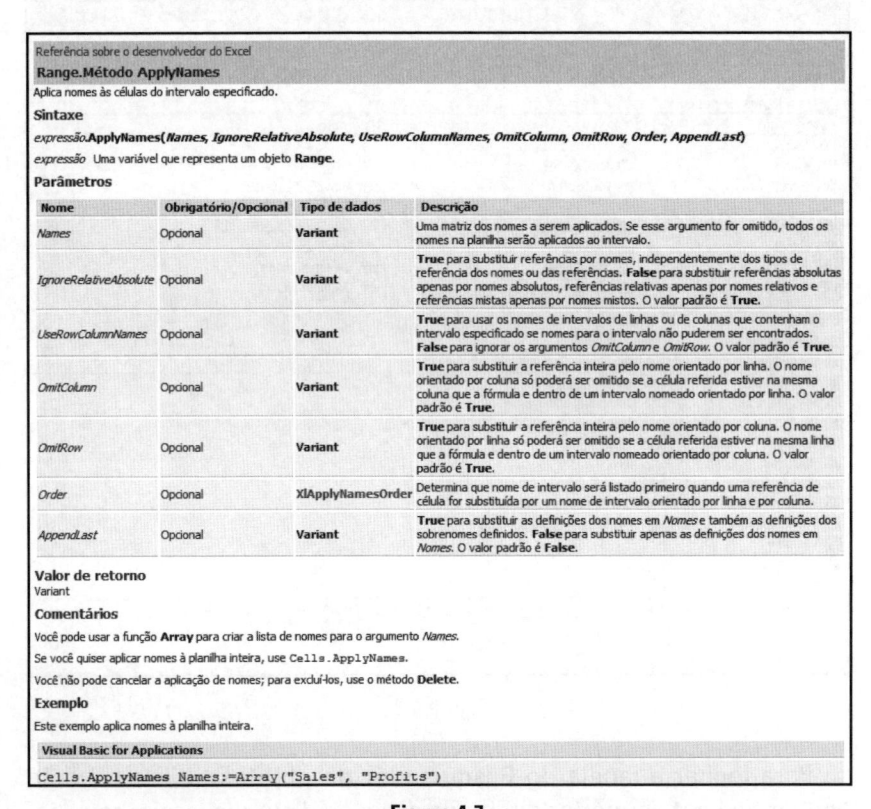

Referência sobre o desenvolvedor do Excel
Range.Método ApplyNames
Aplica nomes às células do intervalo especificado.
Sintaxe
expressão.**ApplyNames**(*Names, IgnoreRelativeAbsolute, UseRowColumnNames, OmitColumn, OmitRow, Order, AppendLast*)
expressão Uma variável que representa um objeto **Range**.
Parâmetros

Nome	Obrigatório/Opcional	Tipo de dados	Descrição
Names	Opcional	Variant	Uma matriz dos nomes a serem aplicados. Se esse argumento for omitido, todos os nomes na planilha serão aplicados ao intervalo.
IgnoreRelativeAbsolute	Opcional	Variant	**True** para substituir referências por nomes, independentemente dos tipos de referência dos nomes ou das referências. **False** para substituir referências absolutas apenas por nomes absolutos, referências relativas apenas por nomes relativos e referências mistas apenas por nomes mistos. O valor padrão é **True**.
UseRowColumnNames	Opcional	Variant	**True** para usar os nomes de intervalos de linhas ou de colunas que contenham o intervalo especificado se nomes para o intervalo não puderem ser encontrados. **False** para ignorar os argumentos *OmitColumn* e *OmitRow*. O valor padrão é **True**.
OmitColumn	Opcional	Variant	**True** para substituir a referência inteira pelo nome orientado por linha. O nome orientado por coluna só poderá ser omitido se a célula referida estiver na mesma coluna que a fórmula e dentro de um intervalo nomeado orientado por linha. O valor padrão é **True**.
OmitRow	Opcional	Variant	**True** para substituir a referência inteira pelo nome orientado por coluna. O nome orientado por linha só poderá ser omitido se a célula referida estiver na mesma linha que a fórmula e dentro de um intervalo nomeado orientado por coluna. O valor padrão é **True**.
Order	Opcional	XlApplyNamesOrder	Determina que nome de intervalo será listado primeiro quando uma referência de célula for substituída por um nome de intervalo orientado por linha e por coluna.
AppendLast	Opcional	Variant	**True** para substituir as definições dos nomes em *Nomes* e também as definições dos sobrenomes definidos. **False** para substituir apenas as definições dos nomes em *Nomes*. O valor padrão é **False**.

Valor de retorno
Variant
Comentários
Você pode usar a função **Array** para criar a lista de nomes para o argumento *Names*.
Se você quiser aplicar nomes à planilha inteira, use `Cells.ApplyNames`.
Você não pode cancelar a aplicação de nomes; para excluí-los, use o método **Delete**.
Exemplo
Este exemplo aplica nomes à planilha inteira.
Visual Basic for Applications
`Cells.ApplyNames Names:=Array("Sales", "Profits")`

Figura 4.7.

Os botões **Voltar** e **Avançar** existentes na barra de ferramentas da janela **Pesquisador de objetos** permite voltar ou repetir a seleção feita na lista de classes e membros.

Para pesquisar um objeto, faça o seguinte:

1. Digite o objeto que pretende encontrar na caixa **Texto de pesquisa**.

2. Pressione o botão **Pesquisar** (binóculos).

3. Será apresentada uma lista com todos os objetos encontrados, bem como a classe a qual eles pertencem e seus respectivos membros:

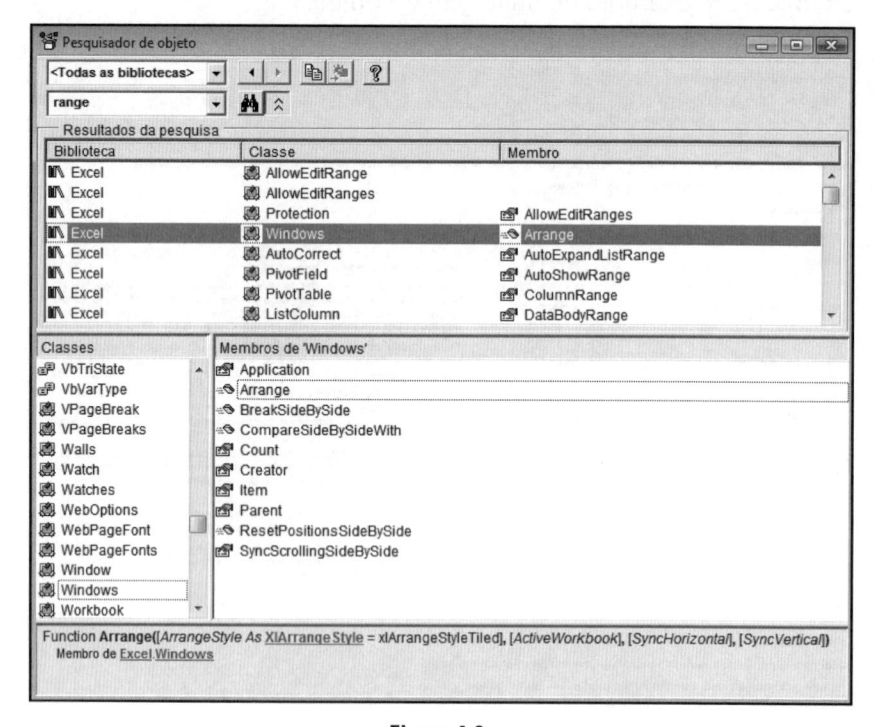

Figura 4.8.

Para fechar a janela do **Pesquisador de objetos**, utilize o botão **Fechar** no canto superior direito da caixa de diálogos, assim retornaremos rapidamente à janela do editor (código).

Como você pode observar, o **Pesquisador de objetos** listou objetos, membros, métodos e propriedades, que são alguns conceitos já assimilados. Em compensação, alguns nem foram citados. Por isso, em vez de irmos em frente, vejamos alguns conceitos que são importantes no desenvolvimento de um código.

Enumerações

Enumerações são tipos de dados atribuídos a um conjunto finito de elementos identificadores como, por exemplo, um conjunto de dias da semana:

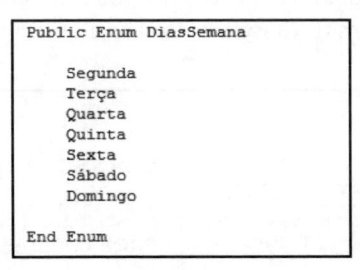

```
Public Enum DiasSemana

    Segunda
    Terça
    Quarta
    Quinta
    Sexta
    Sábado
    Domingo

End Enum
```

Figura 4.9.

Dessa forma, os enumeradores serão visíveis em qualquer local do aplicativo, por isso, não será possível definir o mesmo identificador de um enumerador em outro local ou em outra enumeração dentro do sistema.

A primeira constante em uma enumeração recebe o valor inteiro 0 (Segunda), a segunda receberá 1 e assim sucessivamente, por isso, não é necessário numerar cada uma delas:

Segunda = 0 - Terça = 1. **Nesse caso, a constante** Segunda recebe o valor 0. Cada elemento é considerado como uma constante, pois o valor não irá variar ao longo da execução do aplicativo.

Para se referir a um membro (Segunda) da enumeração conhecida como Dias Semana deve-se utilizar a seguinte sintaxe:

PrimeiroDia = DiaSemana.Segunda

Uma enumeração torna o código mais fácil de ter seus valores alterados no futuro e é menos provável que falhas aconteçam. Além do mais, ao usar enumerações, reduzimos o número de variáveis no código e, portanto, procedimentos com um conjunto limitado de variáveis ficam mais rápidos e fáceis de manipular com as enumerações.

Classes

Outro conceito até aqui desconhecido é o de uma classe de objetos. Uma classe nada mais é do que uma estrutura com vários objetos com características semelhantes. Por exemplo, podemos definir um carro como uma classe, que possui propriedades (cor vermelha, tipo Sedan, bancos de couro etc.) e métodos que são as ações que o objeto de uma classe realizará (no caso do carro, acelerar, parar, frear, desligar e outras). Classe é um arquivo do tipo .cls:

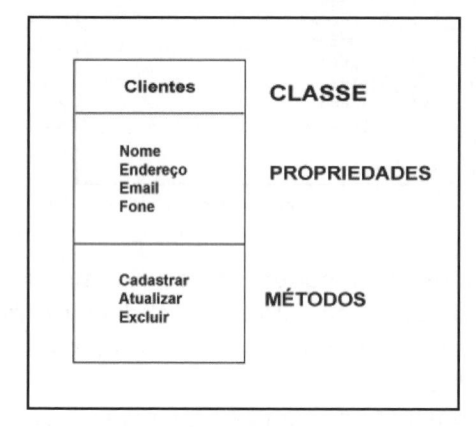

Figura 4.10.

Veja um exemplo de como criar um módulo classe, bem como a definição das propriedades e métodos utilizados:

```
Dim clientes As New Classe1

' ou

Dim clientes As Classe1
Set clientes = New Classe1

Public nome As String
Public endereço As String
Public email As String

Sub Cadastrar()

    clientes.nome = "Sandra"
    clientes.endereço = "Rua Haddock Lobo, 347"
    clientes.email = "sandra@provedor.com.br"

End Sub
```

Figura 4.11.

Após criar a nova classe de objetos, você verá que ela consta no **Pesquisador de objetos**. Para isso, pressione a tecla **F2** e ela aparecerá na lista em ordem alfabética:

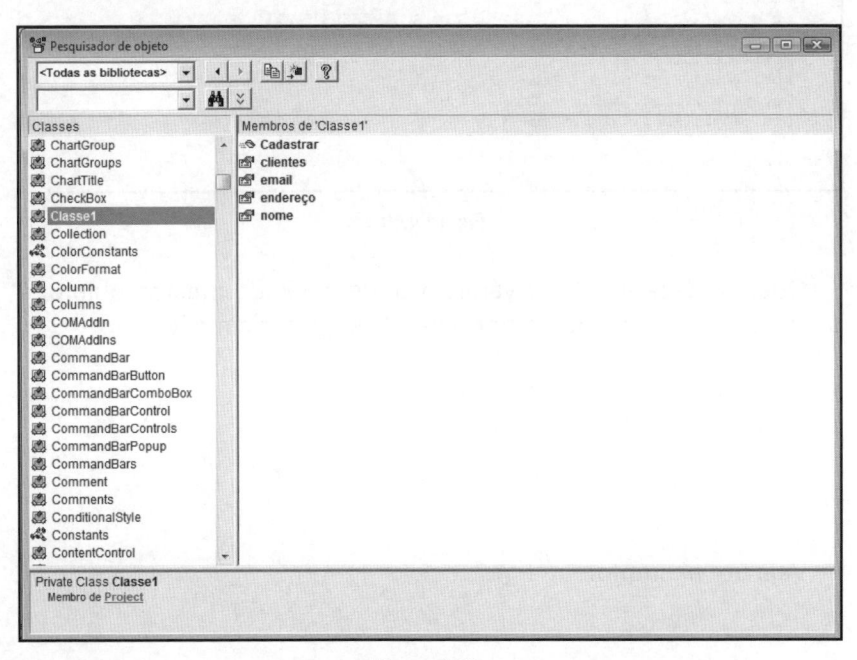

Figura 4.12.

Códigos e o Pesquisador de objetos

Vejamos alguns exemplos de manipulação de objetos nos aplicativos do pacote Office.

No Microsoft Excel

```
Sub ObjetoWorkbooks()              ' OBJETO WORKBOOKS = PASTA DE TRABALHO

    Workbooks.Add
    'O método Add irá adicionar nova pasta de trabalho
    Workbooks.Close
    ' o método close irá fechar a pasta de trabalho atualmente carregada, mas
    ' antes verifica se a mesma deverá ser salva ou não.
    Workbooks.Open Filename:="TESTE.xls", ReadOnly:=True
    ' o método Open abre o arquivo TESTE.XLS no modo somente leitura

End Sub

Sub ObjetoWorksheets()             'OBJETO WORKSHEETS = PLANILHA

    Worksheets.Add Count:=2, Before:=Sheets(1)
    'adiciona nova planilha após a Plan1
    Worksheets(1).Visible = False
    'oculta a planilha Plan1

End Sub

Sub ObjetoActiveCell()             ' OBJETO ACTIVECELL - CÉLULA ATUAL
    Range("A2").Select
    ActiveCell.Activate
    ActiveCell.Font.Bold = True
    ActiveCell.Font.Italic = True
    ActiveCell.Font.Color = vbRed

End Sub
```

Figura 4.13.

Quando desejar alterar várias propriedades do mesmo objeto, é possível abreviar o código por meio da seguinte sintaxe:

```
With <nome do objeto>.<propriedade>

    Instruções...

End With
```

Veja um exemplo:

```
Sub ObjetoActiveCell()                    ' OBJETO ACTIVECELL - CÉLULA ATUAL
    Range("A2").Select
    ActiveCell.Activate
    ActiveCell.Font.Bold = True
    ActiveCell.Font.Italic = True
    ActiveCell.Font.Color = vbRed

End Sub

' OU AGRUPE AS INSTRUÇÕES REFERENTES AO MESMO OBJETO:

Sub AgruparObjeto()

    Range("a2").Select
    ActiveCell.Activate
    With ActiveCell.Font
        .Bold = True
        .Color = vbRed
        .Italic = True
        .Size = 12
    End With

End Sub
```

Figura 4.14.

No Microsoft Word |||||||||||||||||||||||||||||||||||||||||||||

```
Sub ObjetoActiveDocument()      'objeto documento atual

  With ActiveDocument.Range     'POSICIONA CURSOR NA PRIMEIRA LINHA

    .InsertBefore "MEMORANDO"   'INSERE O TÍTULO 'MEMORANDO
    .Font.name = "Tahoma"       'ALTERA A FONTE PARA TAHOMA
    .Font.Size = 24             ' ALTERA O TAMANHO DA FONTE PARA 24
    .InsertParagraphAfter       'INSERE UM PARÁGRAFO APÓS

  End With

  ActiveDocument.PrintOut       'ENVIA O DOCUMENTO PARA IMPRESSÃO

End Sub

Sub ObjetoParágrafo()

    With Selection.Paragraphs(1)
        .LineSpacingRule = wdLineSpaceDouble      'espaçamento de linha duplo
        .Alignment = wdAlignParagraphJustify      'alinhamento justificad
        .Borders.Enable = True                    'ativar bordas
        .FirstLineIndent = InchesToPoints(1)      'avanço da 1ªlinha em 1 polegada

    End With
End Sub
```

Figura 4.15.

Capítulo 5

Variáveis de memória

Em muitos procedimentos encontramos a necessidade de manipular valores para a realização de cálculos, armazenamento de informações passadas pelo usuário, tomada de decisões baseadas em resultados e até mesmo para encerrar um programa.

Mas como fazer para manipular e guardar tais valores para uso posterior? Simples, utilizando uma variável de memória.

Conceito

Variável de memória é um local reservado na memória RAM do computador que contém dados, os quais podem ser manipulados durante a execução do aplicativo. À medida em que o programa é inicializado, um pequeno espaço será reservado para guardar tal informação, por isso, as variáveis devem ser declaradas ao iniciar o programa.

Ao realizar um cálculo, esse valor é manipulado, por isso, durante a execução do procedimento ou do programa, essa pequena área reservada será acessada e terá o valor alterado. Quando o procedimento é encerrado, o espaço reservado deixa de funcionar, ou seja, a variável é removida da memória, por isso o nome "variável de memória".

Qualquer linguagem de programação depende de variáveis de memória para a manipulação de cálculos e realização de tarefas específicas, até mesmo tomar decisões importantes baseadas em um determinado resultado armazenadas em uma variável.

Regras para nomear

É importante seguir pequenas regras para nomear variáveis, válidas também ao nomear procedimentos, constantes e argumentos:
- Todo nome deve ser iniciado com uma letra;
- Não é permitido utilizar palavras reservadas do sistema para a nomeação, tais como `Worksheet`, `ActiveDocument`, `Forms`, `Shape`, e outros (funções, instruções, métodos ou eventos), pelo simples fato de confundir a execução do programa, pois ele poderá tentar executar a tarefa no objeto referenciado e não entender que o mesmo é uma variável;

- Não é permitido utilizar pontos, espaços, vírgulas, pontos de exclamação, de interrogação ou alguns caracteres especiais ($, %, &, *, @, #, +, /, { etc.);
- O nome não poderá exceder 255 caracteres.

Como declarar variáveis

Ao inicializar o sistema, é necessário informar ao computador a existência de todas as variáveis de memória para que um espaço seja reservado a cada uma delas.

Portanto, as variáveis devem ser declaradas para que o nome e o tipo de dado que ela receberá sejam informados (declarados) à memória principal do computador.

Uma variável poderá receber qualquer tipo de informação, como valores, textos, datas, valores inteiros, positivos, negativos e outros. Por isso, é importante determinar o tipo de dado que ela receberá.

Nem sempre a declaração da existência de uma variável é obrigatória. No entanto, algumas linguagens de programação ou pequenos procedimentos podem não reconhecer a informação. Por isso, é recomendável informar a sua existência.

No Microsoft Access devemos digitar a seguinte instrução na área de declaração, para forçar a obrigatoriedade de declaração das variáveis:

```
Option Compare Database
```

Já no Microsoft Excel, é possível forçar a obrigatoriedade com a seguinte instrução, que deverá ser digitada, também, na seção de declarações:

```
Option Explicit
```

A instrução `Option Explicit` obriga a declaração explícita de todas as variáveis de memória que serão utilizadas. Caso isso não aconteça, ocorrerá um erro em tempo de execução, informando que a variável não foi declarada ou que apresenta erro de digitação):

```
'SEM DECLARAÇÃO DAS VARIÁVEIS
Option Explicit


Sub VariáveisDeProcedimento()
    'A VARIÁVEL strNome E curSalário RECEBEM VALORES DIGITADOS PELO USUÁRIO:
    strnome = InputBox("Qual o seu nome ?")
    curSalário = InputBox("Digite seu salário Atual")
    'A VARIÁVEL curAtual RECEBE O  SALÁRIO ATUAL COM ACRÉSCIMO DE 10%
    curatual = curSalário * 1.1
    'EXIBA O SALÁRIO ATUAL AO USUÁRIO
    MsgBox "Seu novo salário será: " & curatual
End Sub
```

Microsoft Visual Basic

Erro de compilação:

Variável não definida

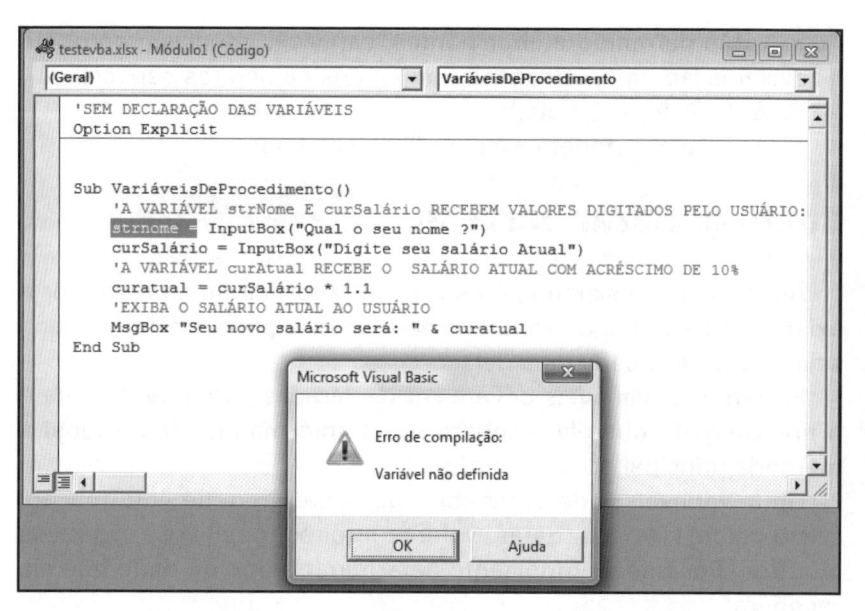

Figura 5.1.

Definida a obrigatoriedade da declaração das variáveis, o aplicativo se preocupará com a sintaxe da declaração. Para a declaração de variáveis um espaço será reservado (dimensionado) na memória do computador, por isso, para declarar variáveis devemos utilizar a instrução Dim da seguinte forma:

```
Dim nome _ da _ variável as tipo _ da _ variável
```

Na linguagem VBA é possível declarar mais de uma variável ao mesmo tempo, utilizando a instrução:

```
Dim variável1 as tipo, variável2 as tipo, variável3 as tipo
```

Por exemplo:

```
Dim strNome as String, curSalário as Currency, dtNascimento as Date
```

Ao omitir o tipo de variável, ela receberá o tipo Variant (maior espaço reservado para uma variável). Veja como:

```
Dim strNome as String, curSalário, curAtual as Currency
```

No exemplo anterior, foram declarados os tipos das variáveis strNome e curAtual, mas a variável curSalário receberá o tipo Variant.

Tipos de variáveis de memória

Para cada tipo de variável, um espaço será reservado na memória e determinada informação será armazenada. Por isso, declara-se a existência de uma variável e seu tipo para informar ao sistema quanto de espaço deve ser reservado, bem como se essa informação será uma data, um texto, um valor ou outro dado qualquer.

Veja uma lista dos tipos de variáveis, bem como o espaço reservado na memória:

- Tipo **Byte**: esse tipo de variável é utilizada para receber números inteiros e positivos no intervalo de 0 a 255 e a memória reservada pelo sistema é de 1 byte.
- Tipo **Boolean**: esse tipo de variável é utilizado para armazenar os valores True (verdadeiro ou -1) ou False (Falso ou 0). O espaço reservado na memória será de 2 bytes.
- Tipo **Currency**: esse tipo de variável permite armazenar valores no intervalo de -922.337.203.685.477,5808 a 922.337.203.685.477,5808 e é bastante utilizada para efetuar cálculos que envolvam valores em moedas, em que a precisão do cálculo é muito importante. O espaço reservado na memória será de 8 bytes.
- Tipo **Date**: esse tipo de dado é utilizado para armazenar datas e horas como um número real, sendo que o valor à esquerda do decimal representa uma data e o valor à direita, uma hora. O espaço reservado na memória será de 8 bytes.
- Tipo **Double**: esse tipo de dado contém números de ponto flutuante de precisão dupla no intervalo de 1,79769313486231E308 a -4,94065645841247E-324 para valores negativos e de 4,94065645841247E-324 a 1,79769313486231E308 para valores positivos. O espaço reservado na memória será de 2 bytes.
- Tipo **Integer**: esse tipo de variável é utilizado para armazenar números interiores no intervalo de -32.768 a 32.767 ou valores enumerados e o espaço reservado na memória será de 4 bytes.
- Tipo **Long**: esse tipo de dado é utilizado para armazenar valores no intervalo de -2.147.483.648 a 2.147.483.647 e o espaço reservado na memória do computador será de 4 bytes.

- Tipo **Object**: esse tipo de variável de memória é utilizado para armazenar uma referência a um objeto e o espaço reservado será de 4 bytes.
- Tipo **Single**: esse tipo de variável é utilizado para armazenar valores no intervalo de -3.402823E38 a -1.401298E-45 para os valores negativos e 1.4011298E-45 a 3.402823E38 para valores positivos. O espaço reservado na memória será de 1 byte.
- Tipo **String**: esse tipo de variável é utilizado para armazenar uma cadeia de caracteres (textos) com comprimento de zero a aproximadamente 2 bilhões de caracteres. O espaço reservado na memória será de 10 bytes mais (+) o comprimento da string.
- Tipo **Variant**: esse tipo de variável é especial e poderá receber dados do tipo data, hora, uma sequência de caracteres, números, definidos pelo usuário e os valores Empty e Null. O tipo Empty indica que nenhum valor foi atribuído à variável do tipo Variant, sendo representado pelo valor zero (0) ou uma sequência de comprimento zero (""). O espaço reservado na memória será de 16 bytes. Quando o tipo de uma variável não for declarado, automaticamente o sistema reserva o tipo Variant a ela.

Quando um procedimento é executado, automaticamente as variáveis serão inicializadas, e cada uma delas receberá um determinado valor. As variáveis do tipo numérica recebem o valor zero (0), as do tipo String recebem comprimento zero (""). Já as do tipo **Variant** (quando nenhum tipo for declarado), serão inicializadas como *Empty* (vazio) e as variáveis do tipo **Object** são definida como *Nothing*.

Escopo das variáveis de memória

O escopo de uma variável refere-se à vida útil das variáveis, ou seja, o domínio dentro do qual ela pode ser acessada e manipulada. O VBA permite que uma variável tenha os níveis de escopo disponíveis somente no procedimento, em módulos particulares ou em todo o aplicativo (variável pública).

Vejamos o funcionamento de cada uma delas:

- **Variáveis de procedimento**: essas variáveis estão restritas ao procedimento em que se encontram, sendo que apenas o procedimento poderá manipulá-las. A sua declaração é feita através da instrução Dim:

```
Sub VariáveisDeProcedimento()
'O ESCOPO DA VARIÁVEL E RESTRITO AO PROCEDIMENTO

    'DECLARADAS AS VARIÁVEIS strNome, curSalário e curAtual
    Dim strNome As String
    Dim curSalário As Currency
    Dim curAtual As Currency

    'A VARIÁVEL strNome E curSalário RECEBEM VALORES DIGITADOS PELO USUÁRIO:
    strNome = InputBox("Qual o seu nome ?")
    curSalário = InputBox("Digite seu salário Atual")

    'A VARIÁVEL curAtual RECEBE O  SALÁRIO ATUAL COM ACRÉSCIMO DE 10%
    curAtual = curSalário * 1.1

    'EXIBA O SALÁRIO ATUAL AO USUÁRIO
    MsgBox "Seu novo salário será: " & curAtual

End Sub
```

Figura 5.2.

Nesse exemplo, as variáveis foram declaradas ao inicializar o procedimento e somente estarão visíveis durante a execução do procedimento.

- **Variáveis de módulo**: essas variáveis devem ser declaradas na seção de declarações no início do módulo e podem ser utilizadas por qualquer procedimento existente. O valor será armazenado durante a execução do código ou até a sua interrupção. Para sua declaração pode ser utilizada a instrução Private com a seguinte sintaxe:

Private nome _ da _ variável as tipo _ da _ variável

A instrução Private é similar à instrução Dim, facilitando somente a leitura e interpretação do código:

```
'SEÇÃO DE DECLARAÇÕES:

Option Explicit
Private strnome As String
Private curSalário As Currency
Private curatual As Currency


Sub VariáveisDeMódulo()

    'ARMAZENA NAS CÉLULAS ESPECIFICADAS O CONTEÚDO ENTRE ASPAS:
    Range("A1").FormulaR1C1 = "Nome"
    Range("B1").FormulaR1C1 = "Salário Atual"
    Range("C1").FormulaR1C1 = "Novo Salário"

    'SOLICITA A DIGITAÇÃO DO NOME:
    strnome = InputBox("Qual o seu nome ?")

    'ARMAZENA NA CÉLULA A2 O CONTEÚDO DIGITADO PELO USUÁRIO:
    Range("A2").FormulaR1C1 = strnome

    'SOLICITA A DIGITAÇÃO DO SALÁRIO E ARMAZENA O MESMO EM B2:
    curSalario = InputBox("Qual o salário atual?")
    Range("B2").FormulaR1C1 = curSalário

    'CALCULA O NOVO SALÁRIO COM ACRÉSCIMO DE 10%
    Range("C2").FormulaR1C1 = "=RC[-1]*1.1"


End Sub
Sub UtilizaMesmasVariáveis()

    'A VARIÁVEL strNome E curSalário RECEBEM VALORES DIGITADOS PELO USUÁRIO:
    strnome = InputBox("Qual o seu nome ?")
    curSalário = InputBox("Digite seu salário Atual")

    'A VARIÁVEL curAtual RECEBE O  SALÁRIO ATUAL COM ACRÉSCIMO DE 10%
    curatual = curSalário * 1.1

    'EXIBA O SALÁRIO ATUAL AO USUÁRIO
    MsgBox "Seu novo salário será: " & curatual

End Sub
```

Figura 5.3.

No exemplo anterior, as variáveis foram declaradas na seção de declaração do módulo, portanto, podem ser manipuladas por qualquer um dos procedimentos existentes no mesmo módulo.

• **Variáveis de nível público**: para tornar uma variável disponível para todos os módulos e procedimentos existentes no aplicativo, seja em um documento do Word, um formulário de banco de dados, ou uma planilha existente na pasta de trabalho, as variáveis devem ser declaradas como públicas. Para isso, devemos utilizar a instrução Public, na seção de declaração, com a seguinte sintaxe:

```
Public nome _ da _ variável as tipo _ da _ variável
```

Se essa instrução aparecer dentro de um procedimento, a variável somente será manipulada enquanto o procedimento for executado. Caso apareça na seção de declarações, todos os procedimentos no projeto, independente do módulo onde esteja, conseguem manipular a variável.

Veja um exemplo de como enxergar as variáveis somente no módulo atual (Módulo1 da **Figura 5.4**):

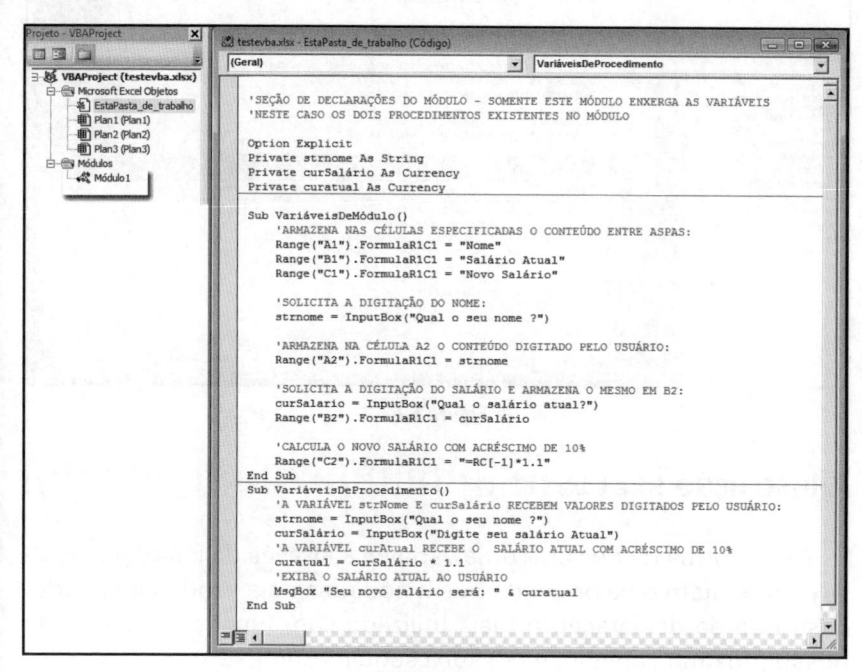

![Figura 5.4 - Janela do Editor VBA mostrando código com declarações Private no Módulo1]

Figura 5.4.

Para que todos os módulos (padrão ou classe) e procedimentos enxerguem as variáveis, é necessário a presença da instrução `Public` na seção de declaração de qualquer módulo:

Variáveis de memória

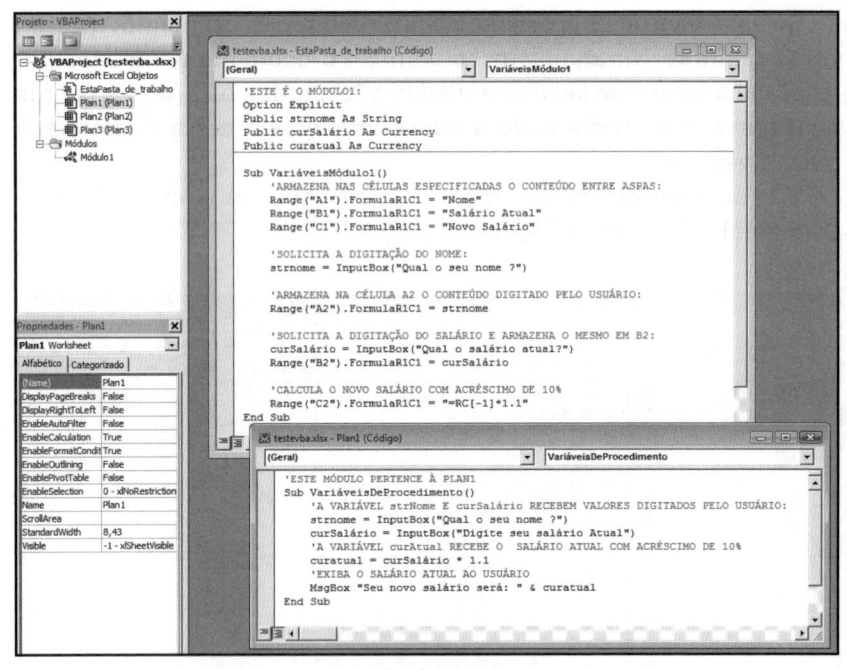

Figura 5.5.

A instrução Static

Outra forma de declarar uma variável é através da instrução Static, que retém o valor desde que o código esteja sendo executado. Esse tipo de declaração é mais utilizada com funções, assunto de nosso próximo capítulo, e possui a seguinte sintaxe:

Static nome_varável As Tipo_da_variável

Para declarar variáveis de objetos estáticas use a seguinte sintaxe:

Static NomeVariável As New Worksheet

Nesse caso, será declarada uma variável NomeVariável com uma nova planilha do Microsoft Excel.

A instrução de declaração Static deve aparecer no início do procedimento juntamente com as instruções de declaração Dim.

Veja um exemplo de cálculo de uma prestação utilizando a função `pgto` que deverá receber os argumentos como taxa, período e o valor a ser financiado. Na linguagem VBA, todas as funções devem ser utilizadas em inglês, por isso, a função `pgto` será interpretada como `pmt`:

```
Sub UtilizaStatic()
    'STATIC mantem os valores como valores padrão na próxima vez em que você executar o programa
    Static ValorFinanciado
    Static ValorTaxa
    Static Tempo

    'solicita a digitação dos valores:
    ValorFinanciado = InputBox("Digite o valor do empréstimo no formato 100.000 ")
    ValorTaxa = InputBox("Qual a taxa de juros anual o formato x.xx:")
    Tempo = InputBox("Tempo de financiamento em anos:")

    'executa a função PGTO (PMT)
    pagamento = WorksheetFunction.Pmt(ValorTaxa / 1200, Tempo * 12, -ValorFinanciado)

    'exibe o resultado em uma caixa de diálogos:
    MsgBox "O Valor da prestação será de : " & Format(pagamento, "Currency")
End Sub
```

Figura 5.6.

As variáveis de objeto

Você acaba de desenvolver um gráfico no Microsoft Excel que descreve todas as vendas realizadas em um determinado período. Agora, seria muito melhor se esse objeto estivesse no Microsoft PowerPoint para ser exibido em forma de apresentação. O que fazer para unir os dois aplicativos? Uma solução seria copiar e colar, outra melhor ainda é fazer com que os dados sejam atualizados rapidamente por meio da linguagem VBA.

Mas como? Utilizando variáveis de objeto. Na linguagem VBA é possível utilizar um aplicativo para controlar objetos de outro aplicativo, ou seja, fazer uma referência à biblioteca de tipos do programa. O que antigamente era conhecido como *Object Linking and Embedding*, um protocolo que realizava a troca de dados entre aplicativos.

Nesse caso, você pode declarar uma variável do tipo `Worksheet` a partir do Microsoft PowerPoint para representar o objeto desejado no Microsoft Excel:

```
Dim appPlanilha as Excel.Application
```

```
Sub aplicativos()

    'FOI REALIZADA A REFERÊNCIA AO OBJETO (FERRAMENTAS > REFERÊNCIAS)

    Dim appplanilha AS Excel.AP
                                Application
                                Areas
                                AutoCorrect
                                AutoFilter
End Sub                         AutoRecover
                                Axes
                                Axis
```

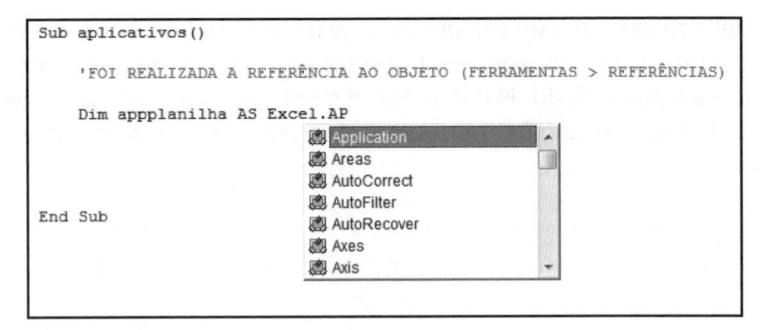

Figura 5.7.

Se por acaso não foi definida uma referência à biblioteca do tipo Microsoft Excel, será necessário declarar a variável como uma variável genérica do tipo Object, utilizando a seguinte instrução:

```
Dim appPlanilha As Object
```

Para verificar quais são os objetos passíveis de utilização é necessário definir uma referência para a biblioteca de tipos do aplicativo. Portanto, o ideal é utilizar anteriormente o menu **Ferramentas > Referências** e habilitar todas as caixas de seleção com as bibliotecas de tipos desejadas:

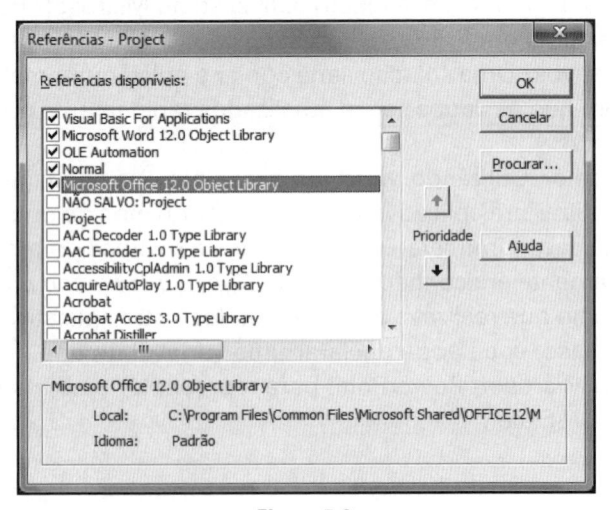

Figura 5.8.

Após selecionar a biblioteca desejada, é possível localizar o objeto no **Pesquisador de objetos** (tecla F2). É importante desabilitar as seleções de objetos que não estão em uso, pois assim reduziremos o tempo de compilação do projeto.

Outro fator importante é não remover as referências Visual Basic for Applications e objetos e procedimentos do Visual Basic, pois eles são necessários para a execução de qualquer código.

A caixa de referências exibe os arquivos do tipo .old, .tlb, .dll para as bibliotecas de tipos; .exe e .dll, para as referências aos arquivos executáveis; e .ocs, para os controles ActiveX:

```
Sub AbrePlanilha()

    Dim AbrePlanilha As Object

    'caso o objeto não tenha sido referenciado irá ocorrer um erro
    'neste caso a instrução adia a interptação do erro
    On Error Resume Next

    'Abre o aplciativo excel
    Set AbrePlanilha = GetObject(, "Excel.Application")

    'Abre a planilha especificada no path:
    Set AbrePlanilha = GetObject("c:\testevba.XLSX")

    'torna a aplicação visível:
    AbrePlanilha.Application.Visible = True

    'exibe a janela 1 da pasta de trabalho:
    AbrePlanilha.Parent.Windows(1).Visible = True

    'fechar o objeto aberto:
    AbrePlanilha.Application.Quit

End Sub
```

Figura 5.9.

Caso o aplicativo utilizado seja o Microsoft Access, outros aplicativos nem sempre reconhecerão seus objetos particulares. Para isso, a declaração do objeto deve ser diferente:

```
Dim frmNovoFormulário As New Access.Form
```

Nessa instrução será criado novo formulário do Microsoft Access com o nome `frmNovoFormulário`. Por padrão a forma de declarar uma variável de objeto do Microsoft Access será:

```
Dim appAbreAccess As Object
Set appAbreAccess = CreateObject("Access.Application")
```

Variáveis de memória

Constantes

Uma constante é parecida com uma variável de memória, ou seja, um espaço reservado na memória do computador, mas, como o próprio nome indica, com um valor constante, não sendo possível modificar-lhe ou atribuir-lhe novo valor. Imagine um título com o nome de sua empresa que deverá aparecer em caixas de diálogo, em cabeçalhos, rodapés e outros locais. Para utilizar o mesmo valor em locais diferentes, basta armazená-lo em uma constante:

```
Public Const NomeEmpresa As String
NomeEmpresa = "Nome da Empresa Ltda."
```

ou

```
Public Const NomeEmpresa As String "Nome da Empresa Ltda."
```

Com essa instrução, além de declarar a constante, automaticamente um valor será atribuído a ela, que poderá ser utilizada em todo o projeto, por ter sido declarada como pública na seção de declarações.

Também é permitido declarar várias constantes e seus respectivos conteúdos com uma única instrução:

```
Const ConIdade As Integer = 21, conSal = 3500, conNascim = 09/04/09
```

Utilizando matrizes

Assim como ocorre na Matemática, podemos trabalhar com uma faixa de valores com inúmeros elementos, como em uma tabela. A essa faixa denominamos matrizes. Uma matriz poderá ser formada de uma única linha (unidimensional) ou com mais de uma linha e colunas; nesse caso, será tridimensional.

Há matrizes retangulares e quadradas. Quando o número de linhas é diferente do número de colunas, uma matriz é considerada como uma matriz retangular. Caso o número de linhas e colunas seja idêntico, a matriz é quadrada.

Na linguagem VBA, também consideramos uma matriz como ordem *m* x *n*, onde *m* é o número de linhas e *n* o número de colunas. Por exemplo, uma matriz de ordem 2 x 3 é aquela em que seus elementos estão dispostos em duas linhas e/ou três colunas.

Uma matriz de ordem 4 é considerada como uma matriz quadrada, pois possui o mesmo número m x n.

Para a declaração de uma matriz, devemos utilizar a seguinte sintaxe:

```
Dim NomeDaMatriz (linhas, colunas) As Tipo da Matriz
```

Podemos declarar uma matriz com tamanho fixo ou uma onde seu tamanho possa ser alterado durante a execução do programa; nesse caso, ela será considerada uma matriz dinâmica.

Vejamos uma declaração de matriz com tamanho fixo (com 10 linhas e 10 colunas):

```
Dim NovaMatriz (9,9) As Integer
```

Ou neste exemplo com uma linha e 11 elementos:

```
Dim NovaMatriz(10) As Integer
```

No caso de matrizes dinâmicas, utiliza-se a seguinte sintaxe:

```
Dim Nome_da_matriz() As tipo_da_matriz
```

Por exemplo:

```
Dim NovaMatriz() As Currency
```

Quando trabalhamos com matrizes, podemos utilizar a instrução `ReDim` (redimensionar) para alterar suas dimensões (número de elementos):

```
Redim NomeMatriz (linhas, colunas)

Redim NovaMatriz(15)
```

Variáveis de memória

Nesse caso, os elementos existentes na matriz serão excluídos e novos elementos serão armazenados.

Para preservar os valores existentes na matriz e redimensioná-la, devemos utilizar a instrução Preserve:

```
Redim Preserve NomeMatriz(15)
```

Veja no exemplo a seguir como utilizar uma matriz para preencher uma área da planilha:

```
Sub MatrizPreenche()
    'DEFINIDA 2 MATRIZES
    Dim NovaMatriz As Variant
    Dim OutraMatriz As Variant

    'DEFINIDO O CONTEÚDO DAS MATRIZES
    NovaMatriz = Array("jan", "fev", "mar", "abr", "mai", "jun")
    OutraMatriz = Array(100, 200, 300, 400, 500, 600)

    'TRANSPOR VALORES DAS MATRIZES PARA CÉLULAS
    Range("a1:a6").Value = Application.Transpose(NovaMatriz)
    Range("b1:b6").Value = Application.Transpose(OutraMatriz)

End Sub
```

Figura 5.10.

A janela Variáveis Locais

Uma ferramenta que auxilia na verificação do conteúdo armazenado em objetos, principalmente em variáveis e trabalhar com a janela variáveis locais. Para isso, use o comando **Exibir > Janela "Variáveis locais"**. Ao iniciar essa janela ela estará vazia, somente durante a execução do aplicativo é que você poderá verificar os valores armazenados. Para verificar como ela funciona, pressione a tecla F8 seguidas vezes e os valores armazenados nas variáveis serão exibidos:

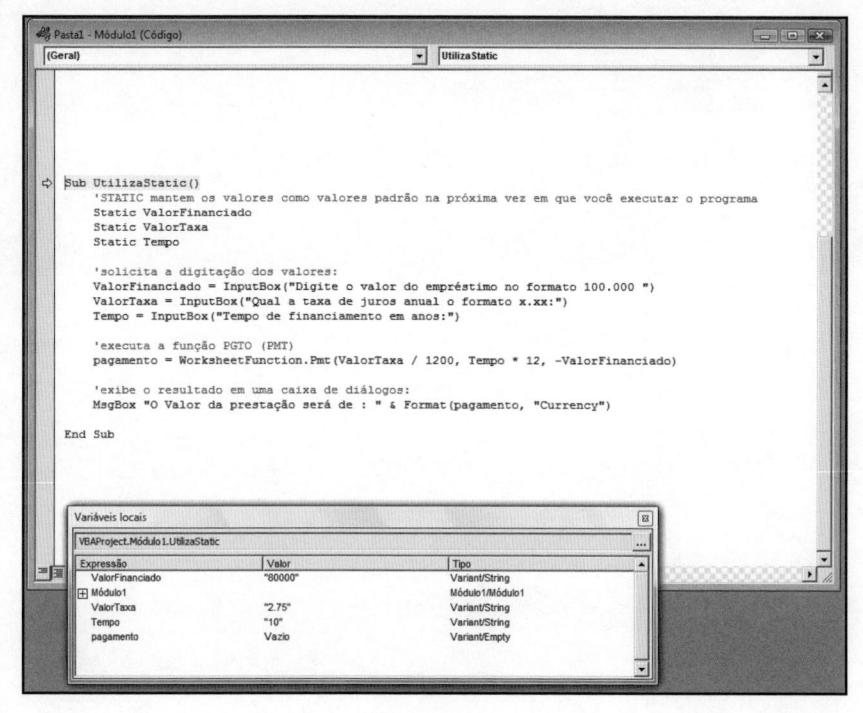

```
Sub UtilizaStatic()
    'STATIC mantem os valores como valores padrão na próxima vez em que você executar o programa
    Static ValorFinanciado
    Static ValorTaxa
    Static Tempo
    
    'solicita a digitação dos valores:
    ValorFinanciado = InputBox("Digite o valor do empréstimo no formato 100.000 ")
    ValorTaxa = InputBox("Qual a taxa de juros anual o formato x.xx:")
    Tempo = InputBox("Tempo de financiamento em anos:")
    
    'executa a função PGTO (PMT)
    pagamento = WorksheetFunction.Pmt(ValorTaxa / 1200, Tempo * 12, -ValorFinanciado)
    
    'exibe o resultado em uma caixa de diálogos:
    MsgBox "O Valor da prestação será de : " & Format(pagamento, "Currency")
End Sub
```

Figura 5.11.

Agora, o melhor foi perceber que os valores utilizados nas variáveis que foram declaradas com a instrução Static permaneceram intactos desde a última utilização. Ao executar o programa novamente com a tecla F8, passo a passo, novos valores serão armazenados.

A janela **Variáveis Locais** será bastante utilizada na depuração de seu código e na hora de tratamento de erros, portanto, mais adiante você verá mais detalhadamente como utilizá-la.

Capítulo 6

Operadores e funções

Na maior parte do tempo, encontramos a necessidade da realização de cálculos em nosso programa. Alguns desses cálculos envolvem operações simples, com o uso de operadores aritméticos, tais como a adição, subtração e outras. Determinadas expressões podem englobar além de funções, expressões, comparações e outros cálculos mais complexos.

Na construção de expressões que realizam cálculos, podemos encontrar palavras-chave, operadores, variáveis e constantes, mas também é possível criar expressões para manipular uma *string* de caracteres e efetuar a comparação entre dados.

Operadores

Toda linguagem de programação utiliza na construção de expressões vários operadores, alguns parecidos com os habitualmente utilizados em expressões matemáticas, como adição, subtração e vários outros. Vejamos a categoria de operadores reconhecida pela linguagem VBA:
- Operadores aritméticos.
- Operadores lógicos.
- Operadores de concatenação.
- Operadores de comparação ou relacionais.

Os operadores aritméticos

As expressões aritméticas são aquelas que manipulam valores por meio de operadores aritméticos, que são:

Operador	Descrição
+	Adição
-	Subtração
*	Multiplicação
/	Divisão
\	Divisão entre inteiros
^	Exponenciação
Mod	Resto de uma divisão

Tabela 6.1.

Para realizar um cálculo simples entre controles no Microsoft Access, vamos preparar o ambiente:

1. Crie um formulário no banco de dados atual, com o nome de *Detalhes do Pedido*.

2. Insira os campos desejados no formulário.

3. No exemplo utilizado, encontramos os controles **Quantidade** e **Preço_Unitário**. Crie novo controle com o nome de *Subtotal*:
a. No modo design do formulário, use o botão **Caixa de texto**.
b. Um clique onde o novo controle deverá aparecer.
c. Nomeie o controle para *Subtotal* (Propriedade Nome da folha de propriedades existente no canto direito do formulário)

4. Um clique no controle **Preço_Unitário**.

5. Na folha de propriedades do controle, devemos construir um código que calcule o subtotal. Por isso, ative a propriedade Após **Atualizar** da guia **Eventos**.

6. Um clique no botão **Construir (...)** e em seguida **Construtor de Códigos**.

7. Na janela do editor VBA, você deverá fazer com que o controle subtotal apresente o resultado da expressão *Quantidade * Preço_Unitário*. Para isso, entre com o código:

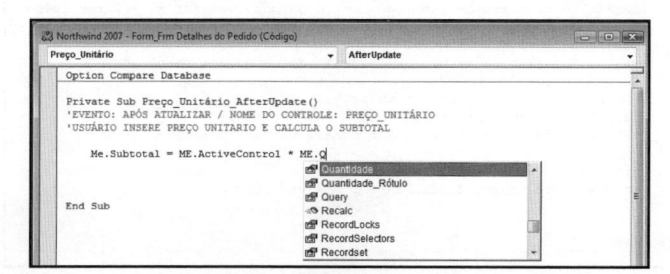

Figura 6.1.

No código, devemos nos referir ao formulário atual (objeto atualmente em uso), para isso, em vez de indicar todo o seu caminho, basta inserir a palavra-chave ME.

Operadores e funções

Após a instrução ME, devemos acessar as propriedades do formulário, para isso, digite um ponto (.), para que o VB exiba uma lista de propriedades existentes no formulário atual. Vá ate o controle *Subtotal* e pressione a barra de espaço.

Para terminar de digitar a expressão, use o sinal de igualdade, refira-se ao controle atual (**Preço_Unitário**), o operador de multiplicação (*) e o próximo controle (Quantidade).

Feche a janela do editor VBA, exiba o formulário no modo de exibição, entre com novo preço unitário e veja que o controle *Subtotal* será automaticamente preenchido.

Além de realizar cálculos com controles, podemos realizar também com variáveis ou constantes. Veja alguns exemplos, ainda no Microsoft Access; para isso, crie um botão de comando com o nome de *cmdRealizaCálculos* e, no evento **Ao clicar**, digite as seguintes instruções:

```
Private Sub cmdRealizaCálculos_Click()
'controle: BOTÃO DE COMANDO    evento: Ao clicar

'uso de operadores aritméticos na linguagem VBA:

Dim valor1, valor2 As Integer
Dim resultado As Currency
Dim curSalário As Currency
Dim intDias As Integer

    'Solicita os dois valores ao usuário:
    valor1 = InputBox("Entre com o primeiro valor")
    valor2 = InputBox("Entre com o segundo valor")

    'Realiza as expressões aritméticas

    resultado = valor1 + valor2
    MsgBox "A soma entre os dois valores é: " & resultado

    resultado = valor1 - valor2
    MsgBox "O resulado da subtração entre os dois valores é: " & resultado

    resultado = valor1 \ valor2
    MsgBox "Divisão entre os 2 números inteiros é: " & resultado

    'Solicita novos valores ao usuário:
    curSalário = InputBox("Entre com o salário mensal")
    intDias = InputBox("Entre com o núemro de dias trabalhados")

    resultado = curSalário / intDias
    MsgBox "Você recebe diariamente : " & resultado

End Sub
```

Figura 6.2.

Para verificar as caixas de diálogo com os resultados das operações aritméticas, exiba o formulário e dê um clique no botão recentemente criado.

Os operadores lógicos

Verifique na tabela a seguir os operadores lógicos utilizados na linguagem VBA:

Operador	Descrição
And	Operador E
Eqv	Operador de equivalência lógica
Imp	Operador de implicância lógica
Not	Operador de negação
Or	Operador Ou
Xor	Operador Ou exclusivo (exclusão lógica)

Tabela 6.2.

```
Sub OperadorAnd()

    Dim A, B, C, D As Integer
    Dim Validar As String

    A = 20: B = 10: C = 8: D = 0

    'Operador And - somente quando ambas condições forem verdadeiras:
    Validar = A > B And B > C
    MsgBox "A expressão A > B e B > C é " & Validar
    Validar = B > A And B > C
    MsgBox "A expressão B > A e B > C é " & Validar
    Validar = A > B And B > D
    MsgBox "A expressão A > B e B > D é " & Validar

    'Operador Or - quando pelo menos uma das condições for verdadeira:
    Validar = A > B Or B > C
    MsgBox "A expressão A > B ou B > C é " & Validar
    Validar = B > A Or B > C
    MsgBox "A expressão B > A ou B > C é " & Validar
    Validar = A > B Or B > D
    MsgBox "A expressão A > B ou B > D é " & Validar

    'Operador Imp - implicação lógica entre as duas condições
    Validar = A > B Imp B > C
    MsgBox "A expressão A > B Imp B > C é " & Validar
    Validar = A > B Imp C > B
    MsgBox "A expressão A > B Imp C > B é " & Validar
    Validar = B > A Imp C > B
    MsgBox "A expressão B > A Imp C > B é " & Validar
    Validar = B > A Imp C > D
    MsgBox "A expressão B > A Imp C > B é " & Validar
    Validar = C > D Imp B > A
    MsgBox "A expressão C > D Imp B > A é " & Validar

End Sub
```

Figura 6.3.

Operadores e funções

Os operadores de concatenação

Os operadores de concatenação servem para fazer a junção entre sequências de caracteres. Compreendem os seguintes operadores: & (e) e + (mais).

```
Sub OperadorJunção()
    Dim texto1, texto2, resposta As String
    Dim valor1, valor2 As Integer

    texto1 = "Compreender Operadores"
    texto2 = "Você irá "
    valor1 = 100
    valor2 = 250

    resposta = texto1 & texto2
    MsgBox resposta
    resposta = texto2 + texto1
    MsgBox resposta
    resposta = valor1 & valor2
    MsgBox resposta
    resposta = valor1 + valor2
    MsgBox resposta
    resposta = texto2 & valor1
    MsgBox resposta
    resposta = texto1 + valor1
    MsgBox resposta

End Sub
```

Figura 6.4.

O operador de concatenação "+" irá juntar dois valores com tipos compatíveis, por exemplo, texto1 e texto2 são do tipo *string*, portanto exibirá uma mensagem com os dois textos. Caso seja utilizado com duas variáveis do tipo numérico, irá efetuar a soma entre ambas.

Os operadores de comparação

Os operadores de comparação ou relacionais são:

Operador	Descrição
=	Operador de Igualdade (é igual a)
>	Operador Maior que
<	Operador Menor que
<>	Operador de diferença (É diferente de)
>=	Operador Maior ou Igual a
<=	Operador Menor ou Igual a

Tabela 6.3.

No Microsoft Access, crie um botão de comando com o nome *cmdExemplos* e no evento **Atualizar**, digite o seguinte código, sem se preocupar em entender a instrução If, tema de nosso próximo capítulo:

```
Private Sub cmdExemplos_Click()

Dim meta As Integer
meta = 100

MsgBox ("A meta ideal é de ") & meta & " unidades vendidas"

If Me.Quantidade < meta Then
    MsgBox "A quantidade pedida é menor do que a meta de vendas."
Else
    MsgBox "A meta foi alcançada, pois a quantidade é maior do que meta."
End If

If meta > Me.Quantidade Then
    MsgBox "A quantidade pedida é menor do que a meta de vendas."
Else
    MsgBox "A meta foi alcançada, pois a quantidade é maior do que meta."
End If

If meta <= Me.Quantidade Then
    MsgBox "A meta é menor ou igual à quantidade vendida"
Else
    MsgBox "A meta é maior do que a quantidade pedida"
End If

If meta <> Me.Quantidade Then
    MsgBox "Meta e quantidade pedida são diferentes"
End If

End Sub
```

Figura 6.5.

Prioridade de cálculo em expressões

No uso de expressões com operadores relacionais, lógicos e aritméticos também encontramos prioridade nos cálculos (operações).

Os operadores aritméticos têm sempre precedência sobre os relacionais e ambos sobre os operadores lógicos. Caso trabalhe com operadores do mesmo nível de precedência, será considerado na ordem apresentada (da esquerda para à direita).

Veja na tabela a seguir a ordem de precedência:

Precedência	Operadores
1	^ (exponenciação)
2	- (sinal de negativo)
3	* e / (multiplicação e divisão)
4	\ (divisão entre inteiros)
5	**Mod** (resto de divisão)
6	+ e – (adição e subtração)
7	**&** (concatenação)
8	=, <>, >, >=, <, <= (operadores relacionais)
9	**Not** (negação)
10	**And** (e)
11	**Or** (ou)
12	**Xor** (ou exclusivo)
13	**Eqv** (equivalente)
14	**Imp** (implicância)

Tabela 6.4.

Funções

Alguns dos métodos e propriedades desenvolvidos até o momento manipulavam dados de variáveis ou controles. Para cálculos mais complexos ou conversão de dados podemos utilizar as funções, que não alteram nenhuma característica do objeto, mas apenas retornam valores. Portanto, considere uma função como um conjunto de declarações que retornam um valor.

Em algum momento você deve ter utilizado funções com cálculos específicos, tais como a soma de uma área no Microsoft Excel, encontrar a média aritmética das vendas realizadas em um relatório do Microsoft Access ou simplesmente inserir a data atual em um documento. Portanto, já deve ter verificado que para realizar cálculos em funções será necessário passar argumentos, que são valores passados ao método ou a função.

A linguagem VBA possui cerca de duzentas funções divididas em categorias. Vejamos algumas delas:

Categoria	Função	Sintaxe	Descrição
Tratamento de strings	Função LCase	Lcase(string)	Converte para minúsculas a *string* passada como parâmetro.
	Função Left	Left(string;n)	Retorna um número especificado de caracteres, a partir do início de uma *string*.
	Função Len	Len(string)	Determina o tamanho da *string*. passada como parâmetro.
	Função Mid	Mid(posição_inicial;n)	Retorna um número especificado de caracteres, a partir de determinada posição dentro da *string*
	Função Right	Right(string;n)	Retorna um número especificado de caracteres existentes no final de uma *string*.
	Função String	String(n, Caracter)	Retorna um caractere um número específico de vezes.
	Função UCase	Ucase(string)	Converte para maiúsculas a *string* passada como parâmetro.

Operadores e funções

Categoria	Função	Sintaxe	Descrição
Tratamento de data e hora	Função Date	Date()	Retorna a data corrente do sistema.
	Função DateAdd	DateAdd(intervalo, número _de_ intervalos, data)	Determina uma data futura, com base em data fornecida, o tipo de período (dias, meses, anos etc.) e o período a serem acrescentados.
	Função DateDiff	DateDiff(intervalo, data1, data2)	Utilizada para determinar o número de intervalos (em dias, trimestres, semestres, anos etc.) entre duas datas.
	Função Day	Day(data)	Indica o dia do mês de uma data.
	Função Hour	Hour(horário)	Retorna um número entre 0 e 23, indicando a hora do dia.
	Função Month	Month(data)	Retorna o número do mês de uma data.
	Função Now	Now()	Retorna a hora e a data corrente do sistema.
	Função Time	Time()	Retorna a hora corrente do sistema.

Categoria	Função	Sintaxe	Descrição
	Função WeekDay	WeekDay(data, primeiro_dia_semana)	Indica qual o primeiro dia da semana (caso o parâmetro seja omitido, o primeiro dia da semana será considerado Domingo).
	Função WeekDayName	WeekDayName(data, abreviar)	Exibe o nome do dia da semana abreviado ou não.
	Função Year	Year(data)	Retorna um número indicativo do ano.
Conversão de dados	Função Asc	Asc(string)	Retorna o valor numérico do código ASCII, para a primeira letra de uma *string*.
	Função CBool	Cbool(expressão ou variável)	Converte uma variável ou expressão para o tipo **Boolean**.
	Função CByte	Cbyte(expressão ou variável)	Converte uma variável ou expressão, para o tipo **Byte**. O valor a ser convertido deve estar na faixa de 0 a 255.
	Função CCur	CCur(variável ou número)	Converte uma variável ou resultado de uma expressão para o tipo **Currency**.

Operadores e funções

Categoria	Função	Sintaxe	Descrição
	Função CDate	CDate(data)	Converte uma variável ou resultado de uma expressão para o tipo **Date**.
	Função CDbl	CDbl(número)	Converte uma variável ou resultado de uma expressão para o tipo **Double**.
	Função Chr	Chr(número)	Retorna o caractere ASCII, associado ao número.
	Função CInt	CInt(variável ou expressão)	Converte uma variável ou resultado de uma expressão para o tipo **Integer**.
	Função CLng	CLng(variável ou expressão)	Converte uma variável ou resultado de uma expressão para o tipo **Long**.
	Função CSng	CSng(variável ou expressão)	Converte uma variável ou resultado de uma expressão para o tipo **Single**.
	Função CStr	CStr(variável ou expressão)	Converte uma variável ou resultado de uma expressão para o tipo **String**.

Categoria	Função	Sintaxe	Descrição
	Função Format	Format(expressão;formato)	Utilizada para formatar a maneira como um número é exibido.
	Função Oct	Oct(número)	Retorna uma variável do tipo **String** que representa o valor octal de um número.
	Função Str	Str(número)	Retorna uma variável de um determinado número para String.
	Função Val	Val(string)	Retorna os números contidos em uma sequência como um valor numérico do tipo apropriado.
Matemáticas	Função Abs	Abs(número)	Retorna um valor do mesmo tipo que é passado para ele especificando o valor absoluto de um número.
	Função Atn	Atn(número)	Retorna um Double que especifica o arco tangente de um número.
	Função Cos	Cos(número)	Retorna um Double que especifica o cosseno de um ângulo.

Categoria	Função	Sintaxe	Descrição
	Função Exp	Exp(número)	Retorna um Double que especifica e (a base dos logaritmos naturais) elevado a uma potência.
	Função Fix	Fix(número)	Retorna a parte inteira de um número.
	Função Int	Int(número)	Retorna a parte inteira de um número.
	Função Log	Log(número)	Retorna um Double que especifica o logaritmo natural de um número.
	Função Rnd	Rnd(número)	Retorna um Single que contém um número aleatório.
	Função Sgn	Sgn(número)	Retorna uma variável Integer que indica o sinal de um número.
	Função Sin	Sin(número)	Retorna um Double que especifica o seno de um ângulo.
	Função Sqr	Sqr(número)	Retorna um Double que especifica a raiz quadrada de um número.

Categoria	Função	Sintaxe	Descrição
	Função Tan	Tan(número)	Retorna um Double que especifica a tangente de um ângulo.
Tipos de dados	Função IsArray	IsArray(variável ou expressão)	Para determinar se uma variável ou expressão é um Array (matriz).
	Função IsDate	IsDate(variável ou expressão)	Para determinar se uma variável ou expressão é uma data.
	Função IsEmpty	IsEmpty(variável ou expressão)	Para determinar se uma variável está vazia (sem valor atribuído).
	Função IsNull	IsNull(variável)	Para determinar se uma variável é nula.
	Função IsNumeric	IsNumeric(variável ou expressão)	Para determinar se uma variável ou expressão é do tipo numérica.
	Função VarType	VarType(variável ou expressão)	Para determinar o tipo de uma variável ou expressão.

Tabela 6.5.

Repare na lista de funções a seguir, as quais retornam valores em uma variável do tipo **String** e que possuem a mesma utilidade da função sem o caractere cifrão ($), por corresponderem à variável do tipo **Variant**.

Lista de funções

Chr$()	CurDir$()	Date$()	Dir$()	Error$()
Format$()	Input$()	Lcase$()	Left$()	Ltrim$()
Mid$()	Oct$()	Right$()	Rtrim$()	Space$()
Str$()	String$()	Time$()	Trim$()	UCase$(

Tabela 6.6.

Veja o exemplo do uso de funções para tratamento de *string* no controle **Cargo**, cujo nome é Job _ Title do formulário de detalhes do cliente em um banco de dados do Microsoft Access:

```
Private Sub Job_Title_AfterUpdate()
'evento aós atualizar - controle:Cargo (Job_Title)

    'variáveis que devem armazenar o resultado desejado
    Dim largura, esquerda, direita, meio, maiusculas As String

    If IsNull(Me.ActiveControl) Then
    'se o controle estiver em branco:
    MsgBox ("Este controle não poderá ficar em branco. Tente novamente.")
    'retorna o foco ao controle desejado
    Me.ActiveControl.SetFocus

    Else
        'caso não esteja vazio, irá executar as funções na string
        largura = Len(Me.ActiveControl)
        MsgBox ("O comprimento do campo é de ") & largura & " caracteres"

        esquerda = Left(Me.ActiveControl, 5) ' 5 primeiros caracteres
        MsgBox ("Os cinco primeiros caracteres são: ") & esquerda

        direita = Right(Me.ActiveControl, 5) ' 5 últimos caracteres
        MsgBox ("Os cinco últimos caracteres são: ") & direita

        meio = Mid(Me.ActiveControl, 5, 5) ' do 5º até o 10º caractere
        MsgBox ("Os cinco caracteres desejados são: ") & meio

        maiusculas = UCase(Me.ActiveControl)
        MsgBox ("O conteúdo digitado em maiúsculas: ") & maiusculas
    End If
End Sub
```

Figura 6.6.

Veja outro exemplo de utilização de funções no Microsoft Access, onde um controle denominado Subtotal deverá receber o resultado da expressão e ter seu valor alterado. Para isso, foi gerado um código no evento **Após atualizar** do controle **Quantidade**, ou seja, quando o usuário alterar a quantidade e avançar para o próximo campo, automaticamente o subtotal será preenchido:

```
Private Sub Quantidade_AfterUpdate()
    'Para calcular o campo subtotal e apresentar em formato personalizado:
    Me.Subtotal = Format(([Quantidade] * [Preço Unitário]), "##,##0.00")

End Sub
```

Figura 6.7.

No caso de querer utilizar uma função e não saber quais os argumentos são necessários, bem como a sintaxe da mesma, inicie a digitação da função e, após abrir os parênteses, terá uma pequena caixa de diálogo em amarelo com a forma correta de sua utilização:

```
Private Sub Order_Date_AfterUpdate()
'Evento Após atualizar a data do pedido controle: Order_Date
    Dim dia, mês, ano As Integer
    Dim extenso1 As String

    MsgBox ("O data deste pedido é: ") & Me.ActiveControl
    MsgBox ("O dia do pedido é : ") & Day(Me.ActiveControl)
    MsgBox ("O mes do pedido é : ") & Month(Me.ActiveControl)
    MsgBox ("O ano do pedido é : ") & Year(Me.ActiveControl)
    MsgBox ("Hoje é dia : ") & Date
    MsgBox ("O dia da semana do pedido é : ") & WeekdayName(Me.ActiveControl)
    MsgBox ("Entre a data do pedido e hoje temos : ") & datediff(
                        DateDiff(Interval As String, Date1, Date2, [FirstDayOfWeek As VbDayOfWeek = vbSunday],
                        [FirstWeekOfYear As VbFirstWeekOfYear = vbFirstJan1])
End Sub
```

Figura 6.8.

Os intervalos permitidos para saber a diferença entre duas datas (função `DateDiff`) devem ser digitados entre aspas e são:

Digitar	Para exibir o intervalo em:
yyyy	Anos
q	Trimestres
m	Meses
y	Dias do ano
d	Dias
w	Dias da semana
h	Horas
n	Minutos
s	Segundos

Tabela 6.7.

Operadores e funções

Criar funções no VBA

Além das funções da linguagem VBA, você ainda poderá contar com outras que são descritas pelo próprio aplicativo, ou seja, o Microsoft Access possui um conjunto de funções, o Microsoft Excel outro, o Corel Draw outro, assim como qualquer aplicativo que possuir a linguagem VBA. Além disso, é possível criar sua própria função.

Veja como criar uma função no Microsoft Excel que calcula a hipotenusa:

1. Na janela do Editor VBA (**Alt + F11**) crie novo módulo para isso, use **Inserir > Módulo**.

2. Agora devemos inserir um procedimento de função, para isso use **Inserir > Procedimento**.

3. Digite um nome para a função (*Hipotenusa*) na opção **Nome**.

4. Habilite o tipo de procedimento, no caso a opção **Função** e um clique em **OK**.

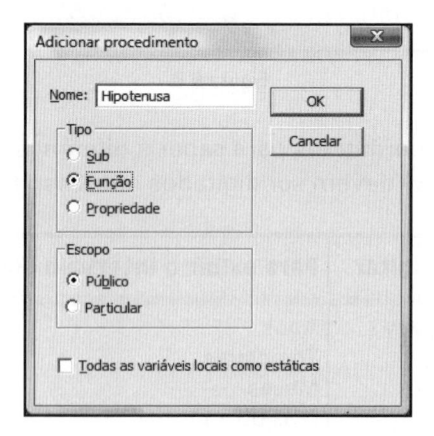

Figura 6.9.

5. Para realizar o cálculo, a função deverá receber dois valores passados pelo usuário, por isso, deverá definir as variáveis como argumento da função:

```
Function hipotenusa(valor1 As Integer, valor2 As Integer)
    hipotenusa = Sqr(valor1 ^ 2 + valor2 ^ 2)
End Function
```

Figura 6.10.

6. Agora é só digitar a instrução que a função deverá realizar:

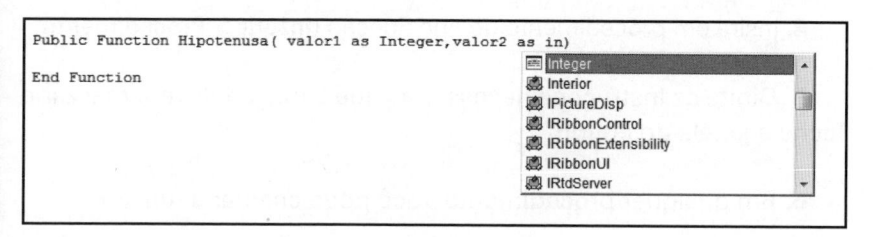

```
Public Function Hipotenusa( valor1 as Integer,valor2 as in)
End Function
```
(Integer, Interior, IPictureDisp, IRibbonControl, IRibbonExtensibility, IRibbonUI, IRtdServer)

Figura 6.11.

7. Feche a janela do **editor do VBA**.

8. Para executar a função posicione o cursor na célula onde deseja o resultado da hipotenusa (nome da função), ative o botão **Inserir Função** da guia **Fórmulas** ou o atalho **Shift + F3** e encontrará a função em ordem alfabética.

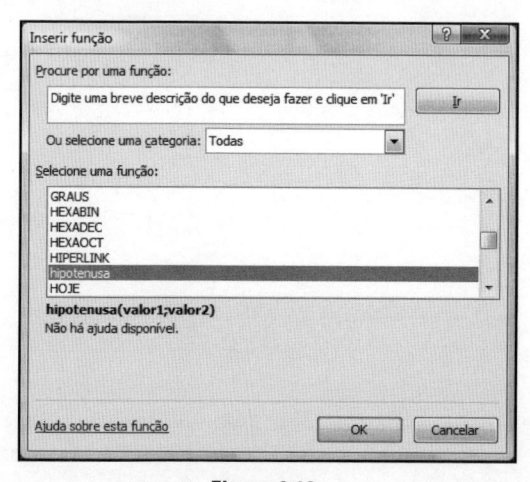

Figura 6.12.

Operadores e funções

Para criar uma função no Microsoft Access, faça o seguinte:

1. No editor do VBA, insira um módulo (**Inserir > Módulo**).

2. Para renomear o módulo, um clique sobre o mesmo e utilize o comando **Exibir > Janela Propriedades**.

3. Substitua a propriedade **Name** pelo nome desejado.

4. Insira um procedimento do tipo Função (**Inserir > Procedimento**).

5. Digite as instruções necessárias que a função deverá realizar e feche a janela do editor.

6. Em qualquer procedimento você pode chamar a função:

```
Private Sub Form_Current()
    Dim valor As Double
    If Nz(Me![Identificação do Status], None_OrderItemStatus) = Invoiced_OrderItemStatus Then
        Me.AllowEdits = False
    Else
        Me.AllowEdits = True
    End If

    valor = Raiz(|
              Raiz(valor As Double) As Double
End Sub
```

Figura 6.13.

Capítulo 7

Respondendo às ações do usuário

Para que todo o sistema tenha interatividade, é necessário exibir algumas mensagens ao usuário e, algumas vezes, coletar a resposta dele para a tomada de decisões. Chegou a vez de conhecer em detalhes as duas funções utilizadas para responder às ações do usuário: a `MsgBox` e `InputBox`.

A função MsgBox

Até aqui a função `MsgBox` exibiu mensagens simples ao usuário, em forma de janelas do tipo *pop-up*, e também alguns resultados de expressões e conteúdos de variáveis.

A função `MsgBox` possui a seguinte sintaxe:

`MsgBox (Prompt, [Buttons], [Title], [HelpFile], [Context])`

Veja os argumentos da função:

Argumento	Descrição
Prompt	Esse argumento é obrigatório, pois é a mensagem que será exibida na caixa de diálogo. Como *Prompt* será possível digitar até 1.024 caracteres. Caso pretenda exibir a mensagem sem os demais argumentos, poderá utilizar a mensagem entre aspas logo após a função `MsgBox`. Por exemplo: `MsgBox "Boa Tarde!"`
Buttons	Argumentos opcionais que permitem exibir o tipo de botão, o estilo dos ícones utilizados, o formato do botão padrão e o tipo de caixa de mensagem. O valor padrão é 0 (zero).
Title	Outro argumento opcional que permite exibir uma mensagem na barra de títulos da caixa de diálogos.

Helpfile	Argumento opcional que identifica o arquivo de Ajuda a ser utilizado. Caso essa opção seja utilizada, o argumento *Context* será obrigatório.
Context	Argumento obrigatório somente quando o argumento *Helpfile* for utilizado, caso contrário é opcional. Expressão numérica que identifica o tópico da Ajuda apropriado.

Tabela 7.1.

Quando você digita uma instrução extensa, pode efetuar a quebra da mesma utilizando o caractere underline (_) seguido da tecla Enter. Para verificar como fazer isso e ainda inserir uma caixa de diálogo com quebras de linhas, fazendo uso do caractere de retorno de carro Chr(13), veja os seguintes exemplos:

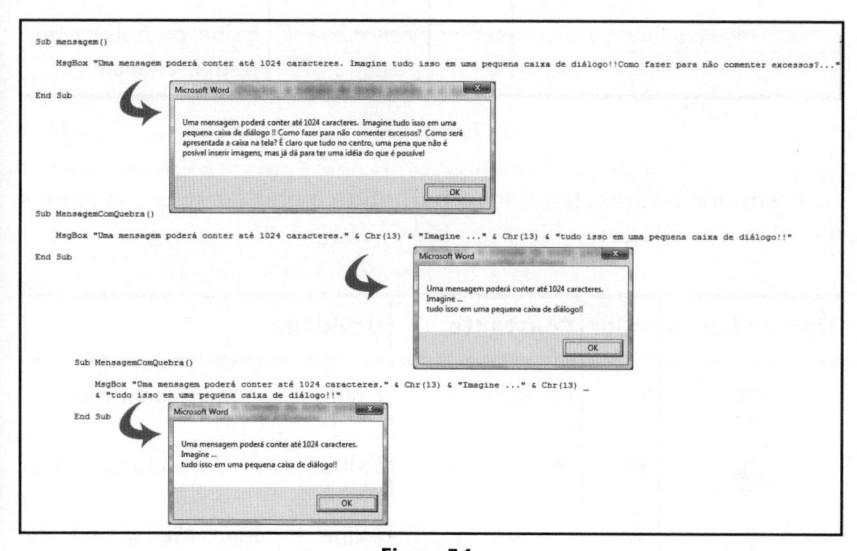

Figura 7.1.

Como pode-se observar, o argumento *Bottom* permite definir um estilo para os botões existentes na caixa de diálogo. Vejamos quais são as constantes ou valores que podem ser utilizados:

Respondendo às ações do usuário

Tipo do botão	Valor	Constante	Utilidade
OK	0	VbOKOnly	Exibe o botão **OK**.
OK Cancelar	1	VbOkCancel	Exibe os botões **OK** e **Cancelar**.
Anular Repetir Ignorar	2	VbAbortRetryIgnore	Exibe os botões **Abortar**, **Repetir** e **Ignorar**.
Sim Não Cancelar	3	VbYesNoCancel	Exibe os botões **Sim**, **Não** e **Cancelar**.
Sim Não	4	VbYesNo	Exibe os botões **Sim** e **Não**.
Repetir Cancelar	5	VbRetryCancel	Exibe os botões **Repetir** e **Cancelar**.

Tabela 7.2.

Além dos botões, também é permitido exibir o estilo dos ícones na caixa de diálogo:

Tipo do botão	Valor	Constante	Utilidade
	16	vbCritical	Exibe o ícone **Mensagem crítica**.
	32	vbQuestion	Exibe o ícone **Consulta de aviso**.
	48	vbExclamation	Exibe o ícone **Mensagem de aviso**.
	64	vbInformation	Exibe o ícone **Mensagem de informação**.

Tabela 7.3.

Para determinar qual botão deverá ser o padrão da caixa de diálogo, use os valores ou constantes:

Tipo do botão	Valor	Constante	Utilidade
Sim / Não / Cancelar	0	`vbDefaultButton1`	O primeiro botão será o padrão.
Sim / Não / Cancelar	256	`vbDefaultButton2`	O segundo botão será o padrão.
Sim / Não / Cancelar	512	`vbDefaultButton3`	O terceiro botão será o padrão.
Sim / Não / Cancelar / Ajuda	768	`vbDefaultButton4`	O quarto botão será o padrão.

Tabela 7.4.

Há argumentos que permitem manipular a modalidade do botão:

Valor	Constante	Utilidade
0	`vbApplicationModal`	Para dar continuidade ao aplicativo, o usuário deverá responder à caixa de mensagem antes de continuar o trabalho no aplicativo atual, ou seja, a janela é restrita ao aplicativo.
4096	`vbSystemModal`	Todos os aplicativos são suspensos até que a mensagem seja respondida, ou seja, a janela é restrita ao sistema.
16384	`vbMsgBoxHelpButton`	Adiciona o botão **Ajuda**.
65536	`VbMsgBoxSetForeground`	A caixa de mensagens aparecerá em primeiro plano.

Respondendo às ações do usuário

524288	vbMsgBoxRight	Alinha o texto da mensagem na margem direita.
1048576	vbMsgBoxRtlReading	O texto apresentado aparecerá como leitura da direita para a esquerda (sistemas hebraico e árabe).

Tabela 7.5.

Para exibir o botão (grupo1), o estilo do ícone (grupo2), controlar o botão padrão (grupo3) e a modalidade do botão (grupo4) em uma só instrução, você poderá digitar as constantes desejadas seguidas do sinal de adição ou o valor da constante – mas digite somente um valor de cada grupo. Veja os exemplos:

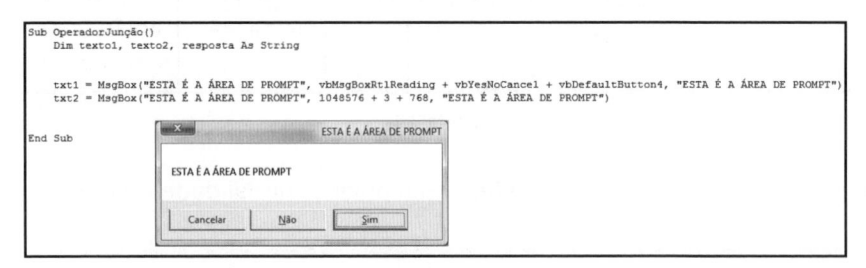

```
Sub OperadorJunção()
    Dim texto1, texto2, resposta As String

    txt1 = MsgBox("ESTA É A ÁREA DE PROMPT", vbMsgBoxRtlReading + vbYesNoCancel + vbDefaultButton4, "ESTA É A ÁREA DE PROMPT")
    txt2 = MsgBox("ESTA É A ÁREA DE PROMPT", 1048576 + 3 + 768, "ESTA É A ÁREA DE PROMPT")

End Sub
```

Figura 7.2.

A função InputBox

Outra forma de exibição de mensagem ao usuário pode ser feita por meio da função InputBox. Nesse caso, ela realiza a função de um diálogo com o mesmo, pois além de exibir a mensagem, aguarda até que o usuário digite um texto ou pressione um dos botões.

Sua sintaxe é:

```
InputBox (prompt, title, resposta default, Xpos, Ypos, helpfile, context)
```

Vejamos os argumentos da função:

Argumento	Descrição
Prompt	Argumento obrigatório, pois trata-se da mensagem que será exibida na caixa de diálogo. Assim como na função `MsgBox`, o limite máximo de caracteres para a mensagem é de 1.024.
Title	Argumento opcional, é a mensagem que será exibida na barra de títulos da caixa de diálogo.
Default	Argumento opcional que apresenta uma resposta padrão caso nenhuma entrada seja inserida pelo usuário.
Xpos	Argumento opcional que especifica a distância horizontal da borda esquerda da caixa (em *twips**) em relação à borda esquerda da tela. Caso seja omitida, a caixa de diálogo será centralizada horizontalmente na tela.
Ypos	Argumento opcional que especifica a distância vertical da borda superior da caixa (em *twips*) em relação ao topo da tela. Caso seja omitida, a caixa de diálogo será centralizada verticalmente na tela.
Helpfile	Argumento opcional que identifica o arquivo de Ajuda a ser utilizado. Caso essa opção seja utilizada, o argumento Context será obrigatório.
Context	Argumento obrigatório somente quando o argumento Helpfile for utilizado, caso contrário é opcional. É uma expressão numérica que identifica o tópico da Ajuda apropriado.

Tabela 7.6.

---

* Um *twip*, que em inglês significa *"Twientieth of a point"* (um vinte avos de um ponto – 1/20), é uma medida tipográfica utilizada por programas como o Visual Basic e outros. Um centímetro contém 567 *twips*. Para converter um *twip* em pontos, multiplique o número de pontos (utilizado para determinar o tamanho de fontes) por 20, ou seja, 10 pontos equivalem a 200 *twips*.

Veja um exemplo no Microsoft Excel em que o usuário informa o arquivo a ser exportado (arquivo no formato TXT):

```
Sub ImportaArquivo()

' IMPORTA ARQUIVO DE TEXTOS
Dim strLocal, strNomeArquivo As String

' DEFINE LOCAL DE LOCALIZAÇÃO DOS ARQUIVOS
strLocal = "C:\Users\Sandra\Desktop\vba"

' SOLICITA NOME DO ARQUIVO A IMPORTAR
strNomeArquivo = InputBox("Digite o nome do arquivo : " & Chr(13) & "Por exemplo: NomeArquivo_MMMAA" & Chr(13) _
& "Onde MMM representa o mês e AA o ano", "IMPORTAÇÃO DE RELATÓRIOS DE VENDAS", "Vendas_jul09")

' INFORMA LOCAL A IMPORTAR
ChDir (strLocal)

' IMPORTA ARQUIVO INFORMADO
    Workbooks.OpenText Filename:=strNomeArquivo & ".TXT", _
    Origin:=xlWindows, StartRow:=1, DataType:=xlDelimited, TextQualifier:= _
    xlDoubleQuote, ConsecutiveDelimiter:=False, Tab:=True, Semicolon:=False, _
    Comma:=False, Space:=False, Other:=False, FieldInfo:=Array(Array(1, 1), _
    Array(2, 1), Array(3, 1), Array(4, 1), Array(5, 1), Array(6, 1), Array(7, 1), Array(8, 1)), _
    TrailingMinusNumbers:=True

' AJUSTA LARGURA DAS COLUNAS
Columns("A:H").Select
Columns("A:H").EntireColumn.AutoFit

'ALTERA TÍTULOS DAS CÉLULAS
Range("A1").FormulaR1C1 = "MÊS"
Range("D1").FormulaR1C1 = "1º Trim"
Range("E1").FormulaR1C1 = "2º Trim"
Range("F1").FormulaR1C1 = "3º Trim"
Range("G1").FormulaR1C1 = "4º Trim"

'FORMATA COLUNAS COM VALORES PARA SEPARADOR DE MILHARES
Columns("D:H").Select
Selection.Style = "Comma"

'POSICIONA CURSOR EM A1
Range("A1").Select

End Sub
```

Figura 7.3.

Acrescente as linhas a seguir em seu código para preencher todas as células em branco com data e cliente:

```
'SELECIONA TODA A PLANILHA ou <CTRL> + <SHIFT> + <*>
Selection.CurrentRegion.Select

'SELECIONE SOMENTE CÉLULAS EM BRANCO
Selection.SpecialCells(xlCellTypeBlanks).Select

'PREENCHA COM O CONTEÚDO DA CÉLULA ACIMA (UMA LINHA ACIMA)
Selection.FormulaR1C1 = "=R[-1]C"

'ALTERE O FORMATO DA COLUNA MÊS
Columns("A:A").Select
Selection.NumberFormat = "mmm /yy"
Range("A1").Select
```

Figura 7.4

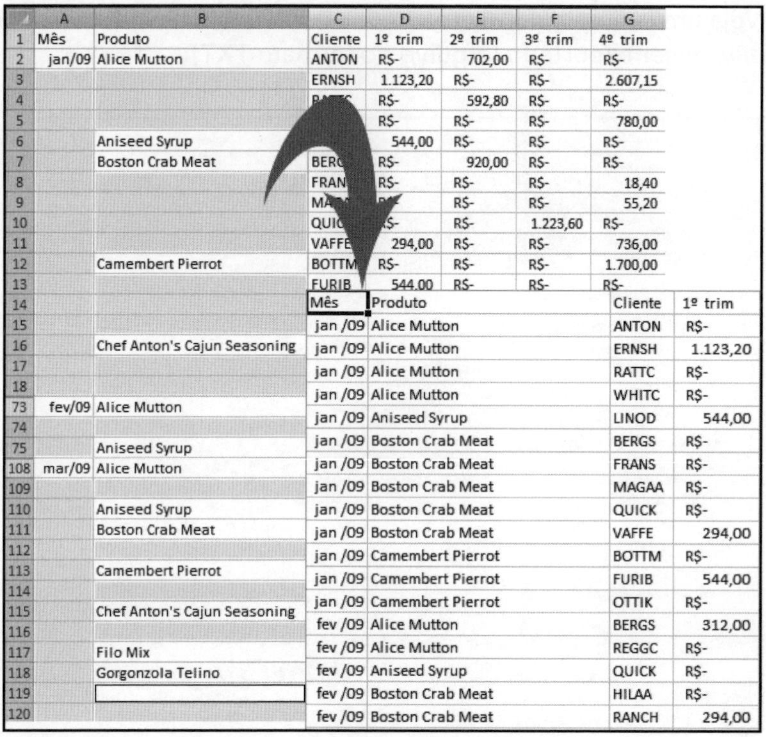

Figura 7.5.

Em ambas as funções, você pode perceber que é possível incluir um arquivo de **Help**, coisa que não é tão simples assim, mas só para ilustrar, você deverá criar todos os arquivos no formato HTML ou RTF que na verdade são todos os textos da **Ajuda**. Além disso, é preciso uma ferramenta que manipule todos os arquivos para gerar um arquivo de **Help**; para isso, use o aplicativo HTML Help Workshop da empresa Microsoft que está disponível ao adquirir o Visual Basic. Você pode, também, baixá-lo gratuitamente na página da Microsoft.

Depois de os arquivos estarem gerados e compilados com a ferramenta, utilize as funções MsgBox e InputBox para acessar o arquivo de **Help**:

```
Variável=InputBox(Mensagem, Título, , , "DEMO.HLP", 10)

Variável = MsgBox(Mensagem, Título, , ,"DEMO.HLP",10)
```

Capítulo 8

Estruturas de controle

A rotina de programação nem sempre segue caminhos sequenciais em linha reta; muitas vezes, a trajetória deve utilizar desvios que interferem, e muito, no funcionamento de todo o programa.

Para que seja considerada interativa, uma aplicação deve fazer com que outros caminhos possam ser trilhados de acordo com a decisão do usuário. Por exemplo, caso o prazo de execução de uma tarefa no MS Project estiver no limite, o calendário tem de ser ajustado e todos os participantes devem ser informados com uma planilha de novos valores de custo no Microsoft Excel.

As estruturas de controle permitem tomar decisões baseadas em respostas fornecidas pelo usuário e praticar diferentes ações quando determinada condição for verdadeira ou falsa. Todas as linguagens de programação possuem estruturas de decisão, o que pode diferenciar é a forma como sua sintaxe deve ser apresentada.

Outras estruturas de controle permitem repetir ações por determinado número de vezes até que uma condição seja considerada como verdadeira. Por exemplo, o login em seu sistema – até que o usuário digite a senha correta, sua entrada não será permitida. Tais estruturas são conhecidas como estruturas de repetição ou de *looping*.

As estruturas de decisão

No VBA, as estruturas de decisão são conhecidas como as estruturas If e a estrutura Select Case.

As estruturas If

As estruturas If (se) permitem testar uma ou mais condições e executar diferentes instruções caso as mesmas sejam verificadas como verdadeira ou falsa.

Para testar uma condição, utilize a seguinte sintaxe:

```
If [condição] Then [instrução / claúsula]
```

Ou

```
If [condição ] Then

   [instruções / cláusulas]

End If
```

Em um formulário do Microsoft Access, no evento pós-**Atualizar** do controle Quantidade, será verificado se a quantidade digitada será igual ou superior a 100, e então a caixa de mensagem será exibida.

```
Private Sub Quantidade_AfterUpdate()

    If Me.ActiveControl >= 100 Then MsgBox ("A entrega será em 2 dias")

End Sub
```

Figura 8.1.

Nesse caso, uma condição foi testada. Como a mesma foi identificada como verdadeira, deverá executar a instrução após a instrução Then (Então). Foi possível observar que ao utilizar a sintaxe de uma linha na construção da estrutura If, não é necessária a declaração End If.

Para executar declarações com mais de uma linha de código, quando a condição for testada como verdadeira, deve-se utilizar a estrutura If incluindo a declaração End If.

```
Sub metas()

    Dim meta As Integer

    meta = InputBox("Qual a meta de vendas? ", "Definindo metas")

    'verificar se conteudo da célula atual é maior ou igual a metas de vendas
    If ActiveCell.Formula >= meta Then

        ' caso verdadeiro a célula aparecerá em negrito, itálico e com cor de preenchimento diferente
        With ActiveCell
            .Font.Bold = True
            .Font.Italic = True
            .Interior.ColorIndex = 40
        End With

    End If
End Sub
```

Figura 8.2.

Estruturas de controle

Com a estrutura If também é possível executar uma série de instruções caso a condição seja verificada como verdadeira e outro bloco de instruções seja verificada como falsa. Para isso, deve-se utilizar a seguinte sintaxe:

```
If [condição ] Then

    [instruções / cláusulas caso condição verdadeira]

Else

    [instruções / cláusulas caso condição falsa]

End If
```

```
Sub metas()

    Dim meta As Integer

    meta = InputBox("Qual a meta de vendas? ", "Definindo metas")

    'verificar se conteudo da célula atual é maior ou igual a metas de vendas
    If ActiveCell.Formula >= meta Then
        ' caso verdadeiro a célula aparecerá em negrito, itálico e com cor de preenchimento diferente
        With ActiveCell
            .Font.Bold = True
            .Font.Italic = True
            .Interior.ColorIndex = 40
        End With
    Else
        'caso a condição falsa a célula aparecerá em negrito e cor de preenchimento amarelo e fonte em vermelho
        With ActiveCell
            .Font.Bold = True
            .Interior.ColorIndex = 19
            .Font.Color = vbRed
        End With

    End If
End Sub
```

Figura 8.3.

Nesse exemplo, utilizamos as propriedades Color e ColorIndex para alterações de cores do interior e da fonte da célula atual. A diferença entre ambas é que a propriedade Color utiliza as cores no formato RGB (*Red*, *Green*, *Blue*). Assim, pode ter alterada as suas características com o valor de uma constante (*vbRed*, *vbGreen* e outras) ou no formato da paleta RGB:

```
ActiveCell.Interior.Color = RGB (255,0,0)
```

A propriedade ColorIndex utiliza uma paleta com 56 cores predefinidas.

Outra forma de utilização da estrutura If, que possui a seguinte sintaxe serve para testar várias condições:

```
If [condição1 ] Then

   [instruções / cláusulas caso condição1 verdadeira]

ElseIf [condição2] Then

   [instruções / cláusulas caso condição2 verdadeira]

ElseIf [condição3] Then

   [instruções / cláusulas caso condição3 verdadeira]

Else

   [instruções / cláusulas caso nenhuma das condição verdadeiras]

End If
```

Para ver um exemplo, crie um formulário no Microsoft Access que contenha os dados de todos os clientes. Insira um controle com o nome *Frete*, que deverá receber um valor de acordo com o país digitado. Vá até o evento após atualizar do controle **País** e crie um código que verifique qual o país digitado. Caso seja preenchido com *EUA*, informe que a entrega será realizada via aérea e o valor do frete é de R$ 200,00. Se o país for o Brasil, a entrega será por via terrestre, e o controle frete receberá o valor de R$ 80,00. Caso seja qualquer outro país, a entrega será realizada via marítima e o valor do frete será R$ 290,00.

```
Private Sub País_Região_AfterUpdate()
'após atualizar o campo com o registro do país o controle frete recebe valor

If Me.ActiveControl = "EUA" Then
    MsgBox "Entrega realizada por via aérea"
    Me.Frete = 200
ElseIf Me.ActiveControl = "Brasil" Then
    MsgBox "Entrega realizada por via terrestre"
    Me.Frete = 80
Else
    MsgBox "Entrega realizada por via marítima"
    Me.Frete = 290
End If

End Sub
```

Figura 8.4.

A estrutura `Select Case`

A estrutura `Select Case` é necessária quando se deseja comparar a mesma expressão para diversos valores diferentes, facilitando a construção do bloco de instruções. A diferença entre essa estrutura e a estrutura `If` é: enquanto `If` pode avaliar uma expressão diferente em cada instrução, a instrução `Select` avalia uma única expressão apenas uma vez.

Sua sintaxe é:

```
Select Case [expressão]

    Case <expressão1>
      Instruções

    Case <expressão2>
      Instruções

    Case <expressão3>
      Instruções

    ...

    Case <expressãon>
      Instruções

    Case Else
      Instruções

End Select
```

No mesmo formulário de clientes do Microsoft Access, você poderá comparar diferentes países utilizando a estrutura `Select Case`:

```
Private Sub País_Região_AfterUpdate()
'após atualizar o campo com o registro do país o controle frete recebe valor

Dim aérea, terrestre, marítima As String
Dim curFrete As Currency

aérea = "A entrega será por via aérea"
terrestre = "A entrega será por via terrestre"
marítima = "A entrega será por via marítima"

Select Case Me.ActiveControl
' avalia o conteúdo do controle atual (País)

    Case "EUA"
        MsgBox aérea
        Frete = 200
    Case "Brasil"
        MsgBox terrestre
        Frete = 80
    Case "México"
        MsgBox marítima
        Frete = 290
    Case "Inglaterra"
        MsgBox aérea
        Frete = 200
    Case "Portugal"
        MsgBox marítima
        Frete = 290
    Case Else
        MsgBox terrestre
        Frete = 80
    End Select

End Sub
```

Figura 8.5.

Esse mesmo exemplo poderá ser simplificado:

```
Select Case Me.ActiveControl
' avalia o conteúdo do controle atual (País)

    Case "EUA" Or "Inglaterra"
        MsgBox aérea
        Frete = 200
    Case "Brasil"
        MsgBox terrestre
        Frete = 80
    Case "México" Or "Portugal"
        MsgBox marítima
        Frete = 290
    Case Else
        MsgBox terrestre
        Frete = 80
    End Select

End Sub
```

Figura 8.6.

Estruturas de controle

A estrutura `Select Case` poderá ser utilizada para testar expressões com valores numéricos:

```
Select Case curDesc
    Case 0.05
        desconto.Value = Frete - (Frete * curDesc)
    Case 0.06 To 0.1
        desconto.Value = Frete - (Frete * curDesc) - valor
    Case Is >= 0.15
        desconto.Value = Frete * curDesc
    Case Else
        desconto.Value = 0
End Select
```

Figura 8.7.

As estruturas de repetição (*looping*)

As estruturas de repetição – também conhecidas como estruturas de *looping* ou de **laços** – permitem que você execute uma linha ou bloco de código repetidamente até que uma condição seja verdadeira.

Como pudemos observar, as estruturas de decisão permitem desviar o fluxo do programa, mas mesmo assim seria necessária a repetição de várias linhas de código; para facilitar, encontramos as estruturas de repetição.

Há determinadas estruturas que permitem repetir uma ou mais instruções um número específico de vezes e também várias estruturas que serão repetidas somente até que determinada condição seja considerada como verdadeira ou falsa.

As estruturas de *looping* são:
- For ... Next
- While ... Wend
- For Each ... Next
- Do ... Loop

A estrutura `For ... Next`

É utilizada para repetir instruções um número determinado de vezes, ou seja, sua utilização é a ideal quando sabemos de antemão o número de ocasiões que o bloco de instruções deverá ser repetido.

A estrutura `For ... Next` tem a seguinte sintaxe:

```
For <contador = início> to <final> <incremento/passo>

    Bloco de instruções

Next
```

Ao iniciar a estrutura, devemos ter a designação de uma variável conhecida como contador que determinará o número de vezes que o bloco de instruções deve ser repetido.

```
Sub Exemplo_Contador1()
' CONTAR OS 10 PRIMEIROS NÚMEROS ÍMPARES

    Dim valor1, soma As Integer
    valor1 = 10
    soma = 0

    'Somar os 10 primeiros números maiores que zero.
    ' iniciar em 1 até valor1 (10)
    For i = 1 To valor1

        'somar valores (acumuladores)
        soma = soma + i
        MsgBox "Soma armazenou: " & soma

    Next

    MsgBox "O total dos valores é: " & soma

End Sub
```

Figura 8.8.

No início do código, o valor inicial é designado como 1. Em cada passagem pelo laço de instruções, a variável **Soma** (contador) será incrementado com 1 passo. Sempre que o incremento não for determinado, obedecerá ao valor 1 como incremento.

O laço será repetido até que o valor 1 receba 10 (dez vezes). A primeira vez que for executado, exibirá o valor 1 e realizará a soma nesse contador.

Veja os valores que serão exibidos em **Soma**:

Repetição	Cálculo	Resultado
1ª vez	0 = 0 + 1	1
2ª vez	1 = 1 + 2	3
3ª vez	3 = 3 + 3	6

Estruturas de controle

4ª vez	6 = 6 + 4	10
5ª vez	10 = 10 + 5	15
6ª vez	15 = 15 + 6	21
7ª vez	21 = 21 + 7	28
8ª vez	28 = 28 + 8	36
9ª vez	36 = 36 + 9	45
10ª vez	45 = 45 + 10	55

Tabela 8.1

Para realizar o mesmo exemplo, mas estipulando um incremento:

```
Sub Exemplo_Contador1()
' CONTAR OS 10 PRIMEIROS NÚMEROS ÍMPARES

    Dim valor1, soma As Integer
    valor1 = 10
    soma = 0

    'Somar os 10 primeiros números
    ' iniciar em 1 até valor1 (10) de 2 em 2
    For i = 1 To valor1 Step 2

        'somar valores (acumuladores)
        soma = soma + i
        MsgBox "Soma armazenou: " & soma

    Next

    MsgBox "O total dos valores é: " & soma
End Sub
```

Figura 8.9.

Nesse outro exemplo no Microsoft Excel, a área de A1 até L10 será preenchida com os valores de uma matriz:

```
Sub vetores()

    'definir um vetor de 10 x 12 elementos
    Dim vetor(1 To 10, 1 To 12) As Integer
    Dim ii, jj As Integer

    For ii = 1 To 10
        For jj = 1 To 12
            vetor(ii, jj) = ii + jj
        Next jj
    Next ii

    'Preenche as células A1 até L10 com valores do vetor
    Range(Cells(1, 1), Cells(10, 12)) = vetor

End Sub
```

Figura 8.10.

Utilizando novamente o conceito de vetores, veja como dividir uma frase digitada pelo usuário em várias células:

```
Sub DivideFrase()

Dim frase As String
frase = InputBox("Digite uma frase para ser dividida em células")

'armazena a frase em um vetor e divide (split) após esaço em branco
vetor_frase = Split(frase, " ")

For i = 0 To UBound(vetor_frase)
    ActiveCell.Formula = i & " - " & vetor_frase(i)
    ActiveCell.Offset(1, 0).Select

Next

End Sub
```

Figura 8.11.

Imagine uma pasta de trabalho no Microsoft Excel com várias planilhas e cada uma delas renomeadas com textos longos. Há a necessidade de selecionar uma planilha e você deve se lembrar do nome completo para isso. Digite o seguinte código e, para selecionar uma determinada planilha, digite somente o número da mesma:

```
Sub IrParaPlanilha()
    'Dim planilhas As Single
    'armazenar contador com planilhas existentes
    planilhas = ActiveWorkbook.Sheets.Count

    For i = 1 To planilhas
        'cria lista com número e planilhas existentes na pasta
        planilhas = planilhas & i & " - " & ActiveWorkbook.Sheets(i).Name & " " & vbCr
    Next i

    'Informa lista de planilhas ao usuário e solicita a posição em uma delas
    Dim seleciona As Single
    seleciona = InputBox("Digite o número da planilha onde deseja ir:" & vbCr & vbCr & planilhas)

    Sheets(seleciona).Select
End Sub
```

Figura 8.12.

A estrutura While ... Wend

Essa estrutura é similar ao *looping* For ... Next, pois irá realizar um bloco de instruções determinado número de vezes até que uma condição seja verdadeira.

Sua sintaxe é:

```
While <condição a ser verificada>

    Bloco de instruções
Wend
```

Veja um exemplo de código que deverá ser executado até que o contador (variável de controle) atinja um valor inferior a cinco (5):

```
Sub FazLoop()
Dim total, contador As Integer
total = 0
contador = 0

    While contador < 5
       total = total + contador
       MsgBox "Total possui o valor " & total
       contador = contador + 1
    Wend


End Sub
```

Figura 8.13.

A estrutura For Each ... Next

A estrutura For Each ... Next permite executar determinada instrução em uma coleção de objetos. Tal estrutura deve ser utilizada para percorrer todos os elementos de uma coleção.

Na estrutura de controle For Each ... Next será necessário utilizar uma variável do controle que poderá ser do tipo *Variant* ou *Object*. Veja a sintaxe:

```
For Each <variável do tipo dos elementos> In <Grupo>

    Bloco de instruções

Next
```

Veja um exemplo de preenchimento de uma tabela no Microsoft Word em que o usuário deverá entrar com cinco produtos e os mesmos aparecem descritos na coluna B da segunda tabela:

		Pedido nº:	
Table(1)		Data:	
		Cliente:	

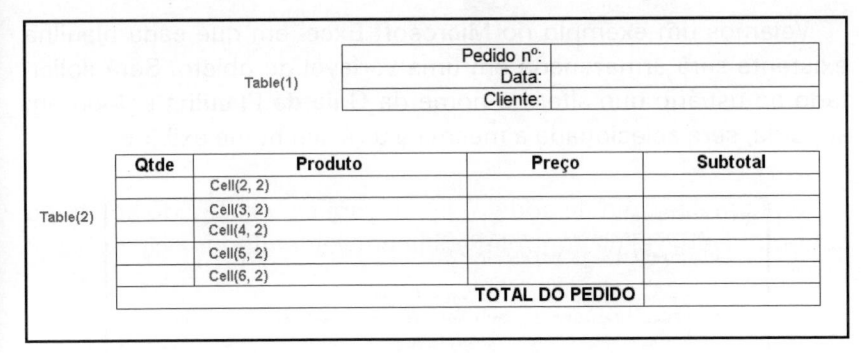

	Qtde	Produto	Preço	Subtotal
		Cell(2, 2)		
Table(2)		Cell(3, 2)		
		Cell(4, 2)		
		Cell(5, 2)		
		Cell(6, 2)		
			TOTAL DO PEDIDO	

Figura 8.14.

Para solicitar a digitação dos produtos em um vetor e logo em seguida apresentá-los na tabela, digite o seguinte código:

```vb
Sub Produtos()
    Dim array_prods(5) As String
    Dim conta As Integer
    Dim lin As Integer
    lin = 2

    MsgBox "Você deverá entrar com 5 produtos"

    For conta = 1 To UBound(array_prods)
    'UBound retorna o maior subscrito disponível no vetor

        array_prods(conta) = InputBox("Digite o produto desejado")
        ' solicita a digitação do produto e armazena no vetor
    Next

    MsgBox "O pedido será preenchido... Aguarde"
    'após solicitar todos produtos irá preencher a tabela

For Each prods In array_prods
'para cada produto existente o vetor
'deverá preencher as linhas da tabela 2
    If prods = "" Then
    'se por acaso o primeiro elemento for branco
        Me.Tables.Item(2).Cell(lin, 2).Range.Text = prods
    Else
    'caso o elemento não seja em branco, apresenta na célula B2
        Me.Tables.Item(2).Cell(lin, 2).Range.Text = prods
        lin = lin + 1
        'acrescenta um número ao contador de linhas

    End If
Next
End Sub
```

Figura 8.15.

Vejamos um exemplo no Microsoft Excel em que cada planilha existente será armazenada em uma variável de objeto. Será solicitado ao usuário que altere o nome da **Guia da Planilha** e, logo em seguida, será selecionada a mesma e terá seu nome exibido:

```
Sub GeraNomes()
    'define variável com um objeto
    Dim planilha As Worksheet

    'para cada planilha existente na pasta atual
    For Each planilha In ActiveWorkbook.Worksheets

        'seleciona a planilha
        planilha.Select
        'solicita um nome para a planilha
        planilha.Name = InputBox("Entre com o nome da planilha")

    Next

    'para cada planilha da pasta - informa seu nome
    For Each planilha In ActiveWorkbook.Worksheets
        planilha.Select
        MsgBox "Esta é a planilha " & planilha.Name
    Next

End Sub
```

Figura 8.16.

É importante salientar que a estrutura For each ... Next, quando utilizar vetores ou matrizes, irá extrair seu conteúdo, mas não é possível alterar (atualizar) os valores existentes no mesmo.

As estruturas Do ... Loop

As estruturas Do ... Loop executam um bloco de instruções um determinado número de vezes ou quando uma determinada condição é verificada e tida como verdadeira ou falsa.

A estrutura Do ... Loop permite posicionar a condição a ser testada no início ou no final do Loop. A condição no final evitará uma inicialização do valor das variáveis envolvidas na condição a ser verificada, e essa inicialização pode ser feita no decorrer do código.

Além do mais, a estrutura Do ... Loop permite especificar se o Loop deve se realizar enquanto (While) uma expressão for tida como verdadeira ou até que (Until) a condição seja verdadeira.

Tais estruturas possuem as seguintes variações:
- Repetição do bloco de instruções enquanto uma condição é verificada como verdadeira. Utiliza-se as estruturas:
  - **Do While ... Loop** e
  - **Do ... Loop While**

- Repetição do bloco de instruções até que uma condição torne-se verdadeira. Utiliza-se as estruturas:
  - **Do Until ... Loop** e
  - **Do ... Loop Until**

Do While ... Loop

Checará a condição antes de rodar o código. O código entrará em *loop* somente enquanto a condição for avaliada como verdadeira e se repetirá até que a mesma seja verificada como falsa. Sua sintaxe é:

```
Do While <condição/expressão>

    Bloco de instruções

Loop
```

```
Sub Dados()
    Dim qtde As Integer
    Dim continua As String

    Range("B3").Select
    continua = "S"

    'REALIZA O LOOP ATÉ QUE CONTINUA = S
    Do While continua = "S"
        'SOLICITA QUANTIDADE
        qtde = InputBox("Digite a quantidade vendida")
        'CÉLULA ATUAL RECEBE VALOR DIGITADO
        ActiveCell.Formula = qtde
        'MOVE CURSOR UMA INHA PARA BAIXO
        ActiveCell.Offset(1, 0).Select
        continua = InputBox("Deseja continuar ? (S/N)")

    Loop
End Sub
```

Figura 8.17.

Do ... Loop While

Essa estrutura irá checar a condição após rodar o código e repetirá o bloco de instruções até que o teste da condição ou expressão seja avaliado como falso. Sua sintaxe é:

```
Do

    Bloco de instruções

Loop While <condição/expressão>
```

```
Sub PreparaBase()
    Dim trim As Integer

    Do
        trim = Application.InputBox("Entre com o número do trimestre", "TRIMESTRE")

    Loop While trim < 1 Or trim > 4

    Range("b1").Formula = trim & "º Trimestre"

    Select Case trim
        Case Is = 1
            Range("B2").Formula = "Janeiro"
            Range("C2").Formula = "Fevereiro"
            Range("D2").Formula = "Março"

        Case Is = 2
            Range("B2").Formula = "Abril"
            Range("C2").Formula = "Maio"
            Range("D2").Formula = "Junho"

        Case Is = 3
            Range("B2").Formula = "Julho"
            Range("C2").Formula = "Agosto"
            Range("D2").Formula = "Setembro"

        Case Else
            Range("B2").Formula = "Outubro"
            Range("C2").Formula = "Novembro"
            Range("D2").Formula = "Dezembro"

    End Select

End Sub
```

Figura 8.18.

Veja um comparativo das instruções de repetição enquanto a condição é avaliada como verdadeira:

```
Sub VerificaAntes()
Dim contador, valor As Integer
contador = 0
valor = 20
    'repete as instruções até que valor (20) seja menor que 10
    Do While valor > 10
        'cada vez que executa o código valor sofre decréscimo
        valor = valor - 1
        contador = contador + 1
    Loop
    MsgBox "O loop concluiu " & contador & " repetições."

End Sub

Sub VerificaDepois()
Dim contador, valor As Integer
contador = 0
valor = 9

    'executa a primeira vez a instrução
    Do
        'valor (9) sofre decréscimo em uma unidade
        valor = valor - 1
        contador = contador + 1
        'repete as mesmas instruções até que valor (8) seja maior que 10
    Loop While valor > 10
    'repete a instrução somente uma vez.

    MsgBox "O loop concluiu " & counter & " repetições."

End Sub
```

Figura 8.19.

Ao utilizar a instrução `Until` podemos verificar uma condição antes de entrar no `Loop` ou após a execução do mesmo (o código será executado pelo menos uma vez). Nas duas estruturas, as instruções serão repetidas até que se tornem verdadeiras.

Do Until ... Loop

Essa estrutura irá verificar a condição antes da execução do código. O código entrará em *loop* até que a condição seja verificada como falsa e irá repetir até que a expressão/condição seja avaliada como verdadeira. Sua sintaxe é:

```
Do Until <condição/expressão>

    Bloco de instruções

Loop
```

Estruturas de controle

```
Sub Listar()
    Dim Linha As Integer
    Dim Arquivo As String

    Linha = 2
    Range("A1").Formula = "Lista de Planilhas na Pasta"
    Arquivo = Dir("C:\users\sandra\desktop\vba\*.xlsm")

    Do Until Arquivo = ""
        Cells(Linha, 1) = Arquivo
        Linha = Linha + 1
        Arquivo = Dir
    Loop

End Sub
```

Figura 8.20.

Do ... Loop Until

Verifica a condição após rodar o código e repete o bloco de instruções até que a expressão seja avaliada como verdadeira. Sua sintaxe é:

```
Do

    Bloco de instruções

Loop Until <condição/expressão>
```

```
Sub TestarFinal()
'Verificar com a área com dados e informar ao usuário
Dim Inicial, final As String
Inicial = ActiveCell.Address

        Do
            ' exibe conteúdo da célula atual
            MsgBox ActiveCell.Value

            ' move cursor ma linha abaixo
            ActiveCell.Offset(1, 0).Select

        ' realiza loop até que célula atual seja verificada como vazia
        Loop Until IsEmpty(ActiveCell)

        'move o cursor malinha para cima (última preenchida)
        ActiveCell.Offset(-1, 0).Select
        'armazena endereço na variável final
        final = ActiveCell.Address
        'exibe área com dados ao usuário
        MsgBox "A área com dados é de " & Inicial & " até " & final

End Sub
```

Figura 8.21.

Saindo de uma instrução de repetição

É possível sair de uma instrução `Do ... Loop` utilizando-se a instrução `Exit Do`. Veja um exemplo:

```
Sub SairDoLoop()
Dim Verifica As Boolean
Dim Contador As Integer

Verifica = True
Contador = 0

Do
    Do While Contador < 20
        'incrementar o contador
        Contador = Contador + 1
        MsgBox "O contador é " & Contador

        If Contador = 10 Then      ' Se a condição for True.
            Verifica = False       ' Defina o valor do sinalizador como False.
            Exit Do                ' Saia do loop
        End If
    Loop

    MsgBox "O novo contador parou em " & Contador

Loop Until Verifica = False    ' Saia do loop externo imediatamente.

End Sub
```

Figura 8.22.

Em algumas instruções de repetição podemos encontrar um laço que executa o bloco de instruções repetidas vezes e não encontra uma saída, por isso é considerado como laço infinito. Caso isso ocorra, utilize as teclas Ctrl + Break para encerrá-lo. Para que não ocorra, procure declarar uma variável de controle, como um contador, e execute o código passo a passo para verificar o valor da variável.

Capítulo 9

Depuração do código

À medida que os programas se tornam mais complexos e mais suscetíveis a erros, eles apresentam, por mais cuidadosos que tenhamos sido, inadvertidamente vários erros de programação, também conhecidos como *bugs*.

Quando se trata de localizar e remover tais *bugs*, o usuário está simplesmente depurando o seu código. Nesse processo, é possível interromper a execução de instruções, examinar a declaração e o conteúdo das variáveis e verificar se os desvios percorrem os devidos percursos.

As ferramentas de depuração existentes no VBA oferecem funcionalidades de execução do programa passo a passo, interrupção em determinado ponto predefinido, além de acompanhar os valores atribuídos em variáveis.

Tipos de erros

Geralmente, ao programar, encontramos três categorias de erro. São eles:

Erros de sintaxe

Ao digitar para construir uma instrução, podemos esquecer a pontuação, geralmente a vírgula para separar argumentos. Podemos também abrir uma rotina de repetição e esquecer de fechá-la da maneira apropriada. Por exemplo, inserir uma instrução If sem finalizá-la com End If.

Automaticamente, enquanto digitamos uma instrução, o VBA inclui uma opção de detecção e correção de erros de sintaxe, pois essa opção é padrão na linguagem de programação. Para verificar se ela está ativa em seu programa, use o menu **Ferramentas > Opções** e, na guia **Editor**, habilite a opção **Autoverificar sintaxe**.

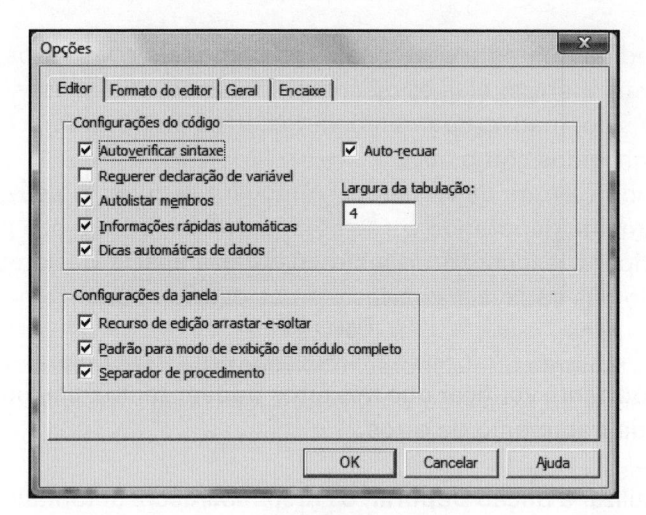

Figura 9.1.

Quando um código com erro de sintaxe é identificado, a linguagem VBA o realçará e exibirá uma caixa de mensagens explicando o erro, possibilitando sua correção antes de continuar a digitação.

Figura 9.2.

Erros de tempo de execução

O erro de tempo de execução ocorrerá quando uma instrução tenta executar uma operação impossível de ser executada. Por exemplo, imagine que determinado controle deve exibir o resultado de uma divisão em que o valor atual da variável é igual a zero. Uma mensagem de erro será exibida:

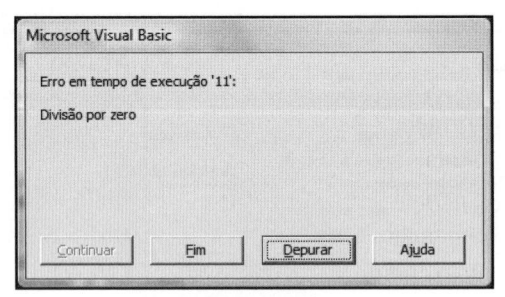

Figura 9.3.

É importante verificar que tais erros podem ser manipulados com rotinas de tratamento de erros.

Ao utilizar a opção **Depurar**, o cursor aparecerá automaticamente na linha que provocou o erro, sendo selecionada na cor amarela.

Erros de lógica de programação

Quando um aplicativo não é executado da forma desejada, ele está com um erro de difícil interpretação, que é chamado de *erro de lógica*. Assim, o aplicativo executa operações inválidas e resultados incorretos, sendo que a única maneira de verificar seu desempenho é testar cada uma das instruções passo a passo para tentar analisar onde o erro se localiza.

Alguns erros de lógica podem ocorrer quando tentamos trabalhar com determinado tipo de dado que é incompatível, por exemplo, uma variável que foi declarada como Integer (inteiro) e recebe uma data, logo será sinalizado pelo sistema.

Há outros erros, como o da inexistência da declaração do objeto que está sendo manipulado, um tipo de dado inválido; por exemplo, dia 31 de junho e outros que normalmente podem ser tratados com o auxílio de rotinas ou ferramentas de depuração.

As ferramentas de depuração

As ferramentas de depuração estão disponíveis no menu **Depurar**. São elas:

Comando	Atalho
Compilar normal	
Depuração total	F8
Depuração parcial	Shift + F8
Depuração circular	Ctrl + Shift + F8
Executar até o cursor	Ctrl + F8
Adicionar inspeção de variáveis	
Editar inspeção de variáveis	Ctrl + W
Inspeção de variáveis rápida	Shift + F9
Ativar/desativar pontos de interrupção	F9
Limpar todos os pontos de interrupção	Ctrl + Shift + F9
Definir próxima instrução	Ctrl + F9
Mostrar próxima instrução	

Tabela 9.1.

Para ativar a barra de ferramentas de depuração, use o menu **Exibir** > **Barra de Ferramentas** > **Depurar**:

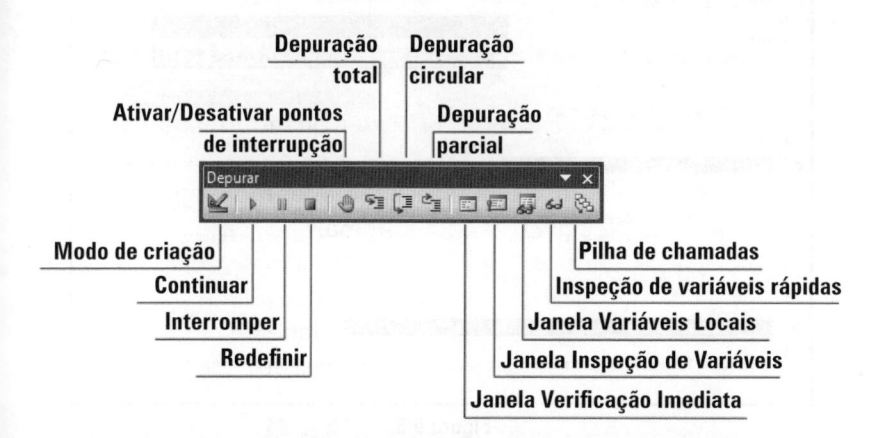

Figura 9.4.

Sempre que um programa está na fase de desenvolvimento, costuma-se dizer que o mesmo está em fase de *Modo design*. Ao exe-

Depuração do código

121

cutar o aplicativo, dizemos que o mesmo está no *Modo de execução* (*Run*). Em nenhum desses modos qualquer alteração na execução das instruções poderá ser alterada. Por isso, um programa também poderá ser trabalhado no *Modo parado* (*Break*). Assim, uma parada na execução das instruções é realizada enquanto as variáveis podem ser analisadas, os procedimentos podem ser checados e, melhor ainda, pode-se executar alterações em todo o fluxo do programa.

Pontos de interrupção

A fim de suspender a execução momentânea do código, é possível criar alguns pontos de interrupção em determinadas linhas do programa. Para adicionar tais pontos em locais estratégicos, é possível utilizar o menu **Depurar** > **Ativar/Desativar pontos de interrupção**. Pode-se acessar também pelo atalho da tecla **F9**, ou simplesmente com um clique na barra indicadora de margem. Se preferir, faça uso do botão **Ativar/Desativar pontos de interrupção** da barra de ferramentas de depuração.

```
Sub SairDoLoop()
Dim Verifica As Boolean
Dim Contador As Integer

Verifica = True
Contador = 0

Do
    Do While Contador < 20
        'incrementar o contador
        Contador = Contador + 1
        MsgBox "O contador é " & Contador

        If Contador = 10 Then    ' Se a condição for True.
            Verifica = False     ' Defina o valor do sinalizador como False.
            Exit Do              ' Saia do loop
        End If
    Loop
    MsgBox "O novo contador parou em " & Contador
Loop Until Verifica = False    ' Saia do loop externo imediatamente.
End Sub
```

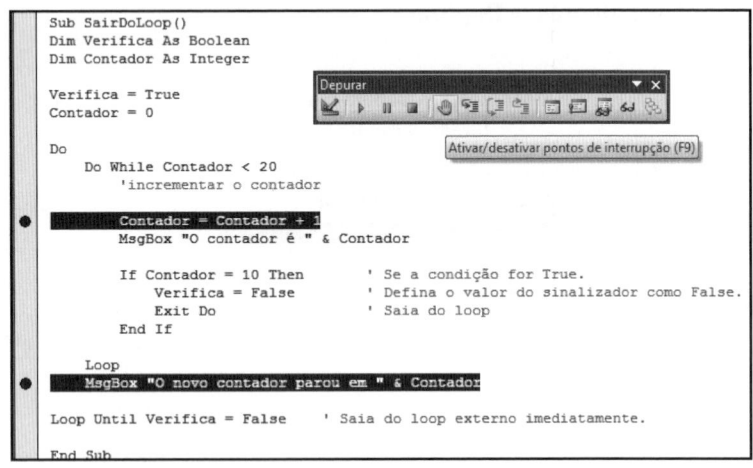

Figura 9.5.

Ao definir um ponto de interrupção, automaticamente a linha aparecerá selecionada em vermelho e um marcador (círculo vermelho) aparecerá na barra indicadora de margem (lado esquerdo do código).

Para desativar tais pontos de interrupção, use os mesmos recursos utilizados na marcação, ou seja, a tecla **F9**, ou o menu **Depurar**

> **Ativar/Desativar pontos de interrupção** ou um clique na barra indicadora de margem.

Outra forma é desativar todos os pontos de interrupção utilizando o menu **Depurar** > **Limpar todos os pontos de interrupção**.

Para rodar o programa após inserir os pontos de interrupção, utilize o botão **Continuar** da barra de ferramentas padrão ou o atalho da tecla **F5**. O VBA realiza as instruções e para exatamente no ponto demarcado quando o cursor for posicionado sob o nome de uma variável; automaticamente, o sistema informa, em um pequeno retângulo amarelo, qual o valor correspondente da mesma.

```
        Contador = Contador + 1
       Contador = 2  contador é " & Contador

        If Contador = 10 Then        ' Se a condição for True.
            Verifica = False         ' Defina o valor do sinalizador como False.
            Exit Do                  ' Saia do loop
        End If
```

Figura 9.6.

Assim você tem como verificar se o erro ocorreu por causa do conteúdo da variável e tentar consertar prováveis desvios.

Continue utilizando a tecla **F5** para rodar o sistema até o final. Utilize também os botões **Interromper** (para que o código deixe o modo de execução) e **Redefinir** (irá parar a execução do código e volta ao modo de edição) para efetuar alterações ou interrupções no seu código.

Outra forma semelhante ao ponto de interrupção é inserir a instrução Stop em seu código; assim, a execução do código será suspensa e entra no modo parado (*Break*), mas é importante verificar que tal instrução funciona semelhante ao End ao final do procedimento.

Uso do recurso de assertividade

Em determinados pontos de seu programa, algumas suposições podem ocorrer, tais como: e se o valor atingir o valor inteiro dez (10)? Se o controle receber um tipo incompatível, o que acontecerá com o restante de minha aplicação? Tais suposições podem ser testadas durante o desenvolvimento de seu aplicativo pelo método Debug.Assert.

O recurso de utilização de assertivas permite testar as suposições durante o desenvolvimento de seu aplicativo sem a necessidade de escrever várias linhas de exceções que supostamente nunca irão ocorrer. Assim, você terá a certeza que o valor obtido foi verificado e jamais poderá ser avaliado como falso, pois o uso desse recurso faz a validação (afirmação) de uma expressão booleana.

No exemplo a seguir, o código irá encerrar assim que o total da compra for maior que o orçamento apresentado. Ao verificar a instrução Debug.Assert, será efetuado um novo teste no código para verificar eventuais problemas, assim, será possível interagir com o usuário antes do mesmo ser encerrado.

```
Option Compare Database

Private Sub cmdCompra_Click()
    Dim blnAcimavalor As Boolean
    Dim intQtde As Integer
    Dim curPreço, curTotal, curOrçamento As Currency
    Dim i As Integer
    curPreço = 100
    curOrçamento = 1000
    
    intQtde = InputBox("Qual o total de bolsas desejadas?", "BOLSAS LUIZA VENTON")
    
    For i = 1 To intQtde
    
        curTotal = curPreço * intQtde
        MsgBox curTotal
        
        If curTotal > curOrçamento Then
            MsgBox "Infelizmente você não possui capital suficiente"
            blnAcimavalor = False
        Else
            MsgBox "Posso mandar entregar?"
            blnAcimavalor = True
        End If
        Debug.Assert blnAcimavalor
    Next
End Sub
```

Figura 9.7.

Inspeção de variáveis

Uma maneira bastante eficiente de monitorar seu código é poder verificar qual o conteúdo de determinada variável e, assim, poder estabelecer novas mensagens, expressões mais simplificadas, realizar desvios e outras tarefas interessantes (funciona como se estivesse "vigiando" todo o seu código).

Uma ferramenta útil é a janela de inspeção de variáveis, para que erros possam ser detectados e corrigidos a tempo. Para exibi-la, use o menu **Exibir** > **Inspeção de variáveis**.

Agora vejamos como monitorar uma expressão em seu código. Para isso, use o menu **Depurar** e a opção **Adicionar inspeção de variáveis**. Defina qual expressão deverá ser monitorada, ou seja, o nome de uma variável, uma propriedade inserida ou, se preferir, uma função que acaba de desenvolver e da qual necessite saber o conteúdo (melhor, dizendo, inspecionar seu funcionamento).

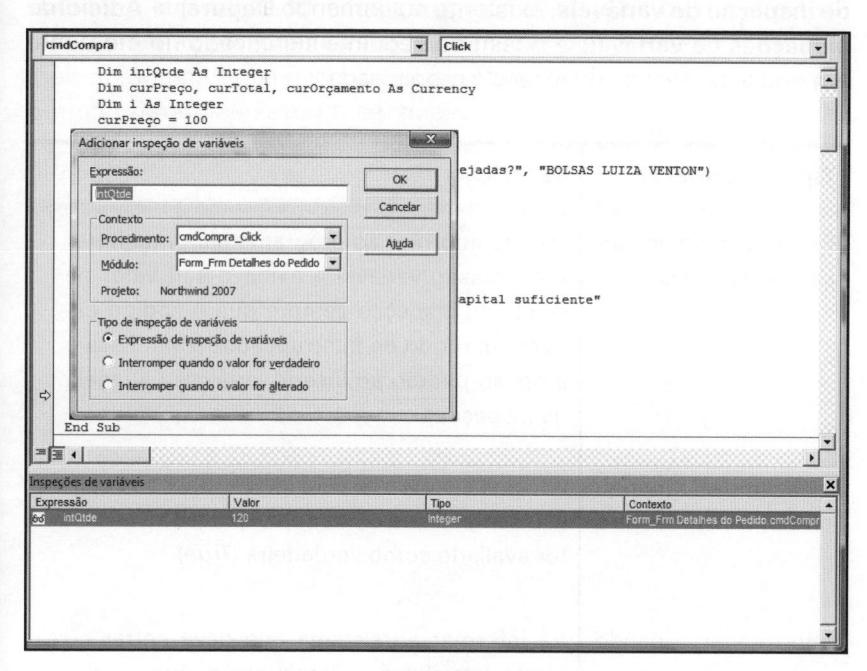

Figura 9.8.

Outra forma de adicionar inspeções é feita na janela de código, onde você seleciona a expressão ou variável a ser analisada e, em seguida, arrasta a mesma até a janela de inspeção. Se preferir, dê um clique com o botão direito sobre a expressão e, em seguida, selecione a opção **Adicionar inspeção de variáveis**.

A janela de inspeção exibe a expressão analisada, bem como seu conteúdo atual, tipo e contexto da variável ou expressão.

Sempre que uma expressão for analisada, automaticamente será visualizado um ícone à esquerda da mesma, estabelecendo o tipo de acompanhamento que será feito:

> 👁 Expressão de inspeção de variáveis
> 📋 Interromper quando o valor for verdadeiro
> 📋 Interromper quando o valor for alterado

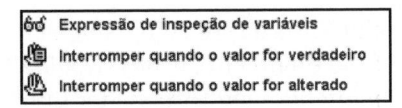

Figura 9.9.

Cada um desses procedimentos pode ser obtido pela opção **Tipo de inspeção de variáveis**, existente no comando **Depurar > Adicionar inspeções de variáveis** e possuir o seguinte significado no momento em que a expressão está sendo monitorada:

Tipo de inspeção	Descrição
Expressão de inspeção de variáveis	Deverá informar ao programa para monitorar a expressão/variável e exibir o seu valor na janela de inspeção sempre que o código estiver em modo de interrupção (*Break*). Essa é a opção padrão ao inserir variáveis na janela de inspeções.
Interromper quando o valor for verdadeiro	Informa ao sistema para interromper a execução sempre que o valor da expressão/variável for avaliado como verdadeira (*True*).
Interromper quando o valor for alterado	Irá informar ao sistema que deve entrar no modo interrupção (*Break*) assim que o valor da expressão/variável for alterado.

Tabela 9.2.

Na janela de inspeção é possível editar ou excluir uma variável. Para editar, basta um clique sobre a variável desejada e, em seguida, utilizar o menu **Depurar > Editar Inspeção de variáveis**, ou o atalho **Ctrl + W**. Faça qualquer alteração na expressão, estabeleça o tipo de avaliação da inspeção e, em seguida, um clique em **OK**.

Para alterar o conteúdo (valor) de uma variável, dê um clique sobre a mesma na janela de inspeção e um clique sobre o valor atual. Digite o novo valor para que a variável seja alterada.

Se necessitar excluir uma expressão da janela de inspeção, basta um clique sobre o nome da mesma e, em seguida, pressionar a tecla **Delete**. Assim, a mesma será excluída da janela de monitoramento, mas nunca do sistema.

Outra forma de acompanhar o conteúdo de uma expressão ou variável existente em seu código é selecionar a mesma e em seguida utilizar o menu **Depurar > Inspeção de Variáveis Rápida** ou o atalho das teclas **Shift + F9**, onde verá:

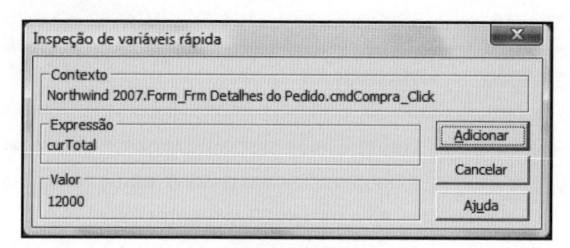

Figura 9.10.

CTP, Impressão e Acabamento
IBEP Gráfica